ELECTRIC AUTOMOBILE

電気自動車のしくみ

森本雅之 **監修**

電気自動車のメカニズム、
取り巻く環境、
未来がわかる!

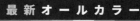
最新オールカラー

ナツメ社

はじめに

　本書は「電気自動車」について解説しています。「電気自動車」という言葉を聞くと、私たちはバッテリーに充電してモーターで走る自動車を想像します。もちろん本書は、それらのバッテリー式電気自動車(BEV)を中心に取り上げています。しかし、本書の「電気自動車」という言葉は、もっと広い範囲を表しています。本書で取り上げる「電気自動車」の意味するところは、「電気の力を使って走行する自動車」です。つまり、ハイブリッド自動車はエンジンを積んでいますが、走行にはモーターの力も使います。一部のハイブリッド自動車はエンジンを発電だけに使い、すべてモーターで走行するものもあります。したがって、正確には「ハイブリッド電気自動車」といわなくてはいけないのです。電気の力を一部でも利用する自動車すべてが「電気自動車」ということになります。

　本書では、バッテリー式電気自動車をBEV、ハイブリッド電気自動車をHEV、燃料電池電気自動車をFCEVと呼んでいます。それらを合わせて「xEV」と総称しています。じつは、EVという言葉はElectric Vehicleの頭文字で、正確に翻訳すると「電動車両」です。つまり、電車や電動車いすなどを含んだ広い範囲の車両を表しています。しかし、本書では、「xEV」は乗用車を中心とした、いわゆる自動車を表しています。

　電気自動車(BEV)は走行中に排気ガスを出さないため、CO_2を減らそうというカーボンニュートラルに向けて最適な次世代自動車だと考えられています。本書では、電気自動車(BEV)の特徴、しくみ、環境性能などをなるべくわかりやすく解説しています。しかし、電気自動車(BEV)はまだ開発途上であり、課題も多く残っています。そのため、電気自動車(BEV)について、よいことだけでなく、問題点も説明しています。

　CO_2を減らそうという観点からは、エンジン式自動車はいまと同じように使ってゆけるとは思えません。自動車の電動化は確実に進んでいくはずです。しかし、すべて電気自動車(BEV)に置き換わるのか、というのはまだわかりません。じつは、電気自動車(BEV)が世界的に脚光を浴びたことが歴史的に3回くらいあったのです。

最初は自動車の発明当初の1900年頃です。当時のエンジン車は、エンジンは
クランクシャフトを手で回して始動し、走行時には黒煙と爆音を発する代物でし
た。そのため、電気自動車(BEV)の人気が高かったのです。しかし、スターター
モーター、マフラーなどの発明によって、航続距離の長いエンジン車が席巻した
のです。そのため、長期間にわたって自動車＝エンジン車と考えられていました。

　次は1970年代の石油危機です。原油の枯渇を防ぐため、自動車にはガソリン
を使わない、という流れになり、電気自動車(BEV)が脚光を浴びたのです。この
ときは天然ガス(LNG)などの新エネルギーによる発電技術が次々開発され、自動
車がガソリンを使えるようになりました。そのため、電気自動車(BEV)への流れ
がなくなりました。

　1990年代に、酸性雨、光化学スモッグなどの大気汚染が世界的に問題になり
ました。このときは多くの電気自動車(BEV)が発売され、充電スタンドの整備も
始まりました。しかし、三元触媒の発明によりエンジン車の排気ガスがクリーン
になり、航続距離の劣る電気自動車(BEV)はまたまた衰退してしまいました。

　21世紀の現在は、エンジン車の排出するCO_2が課題になっています。走行中
にCO_2を排出しない電気自動車(BEV)が、それを解決すると考えられており、電
気自動車(BEV)の技術がますます進展することが期待されています。

　しかし、歴史を振り返ると、エンジン車が復活できる技術や環境が毎回出現し、
電気自動車(BEV)は衰退することが繰り返されてきました。現状の電気自動車
(BEV)には課題がまだまだたくさん残っています。そのため、さまざまな技術開
発が世界中で行われています。その中には、水素エンジンなどをはじめとしたエ
ンジン車のCO_2低下の開発も行われています。今後、どちらの方向に向かうのか、
じつは混沌としているのです。本書は、そのような時代に、読者の理解の参考に
なるよう、xEVについて解説した内容になっています。技術に明るくない方にも
理解できるようにわかりやすくまとめたつもりです。電気の力を借りてCO_2を減
らすことで異常気象が少しでも減るように願っています。

森本雅之

もくじ

第 **4** 章 電気自動車（BEV）の しくみ

第 **5** 章 電動車（xEV）のしくみ

第 6 章 駆動用のバッテリー

第 7 章 電動車(xEV)に使われるモーター

第8章 モーターを制御するパワーエレクトロニクス

第9章 充電の技術

第10章 自動運転技術

第 **11** 章 電気自動車（BEV）と社会

第 1 章

電気で走る
車両とは

What is a vehicle that runs on electricity?

電気で走る車両というとき、それはいったい何を示しているのでしょうか？
電気自動車（BEV）と電動車両（EV）の違い、そしてハイブリッド車（HEV）な
ど街を走る電動車（xEV）の分類などを説明します。電気で走る車両は世の中
にたくさん存在しているのです。

1-1 電気自動車(BEV)と 電動車両(EV)

 電気の力で走るクルマには、いろいろな種類があります。よく耳にする「EV」は、実のところ、一般的なイメージよりも広い範囲をカバーしています。

「EV」は電気で走る車両すべてを含み
バッテリー式の電気自動車は「BEV」と表記する

電気で走るクルマといえば、搭載したバッテリーでモーターを駆動して走る、自家用車の電気自動車を思い浮かべる人が多いでしょう。しかし、技術的にいえば、ハイブリッド車も「電気で走るクルマ」に該当します。さらに、作業用のフォークリフトも電気、ゴルフ場のカートも電気、電車も電気で走ります。つまり、世の中には、自家用車以外にも数多くの電気で走る車両が存在しています。

電動車両(EV)と電動車(xEV)、電気自動車(BEV)の関係

電動車両＝EV(Electric Vehicle)
電動車(xEV)

電気自動車 (BEV)	エネルギー源として車両にバッテリーを搭載し、バッテリーに蓄積されたエネルギーにより走行する。
ハイブリッド車 (HEV)	エンジンとモーターなどの原動機で車軸を駆動するシステムを用いて走行する。
燃料電池車 (FCEV)	発電時にもCO₂が発生しない燃料電池の発電により走行する。

(注)かつてはHV、PHV、FCVと表記することもあったが、世界的にHEV、PHEV、FCEVと表記するようになってきた。

電気自動車（BEV）は、バッテリーだけでモーターを動かすクルマである。

つまり、厳密にいえば、**電気エネルギーで走る車両は、すべて「電動車両（EV：Electric Vehicle）」** となります。そして、自家用車などの自動車のうち、**モーターを使うものを「電動車（xEV）」** と呼んでいます。

その電動車（xEV）の中に、搭載した駆動用バッテリーの電気だけで走行する、いわゆる**電気自動車（BEV）** があり、**ハイブリッド車（HEV）、プラグインハイ**ブリッド車（PHEV）、燃料電池車（FCEV）が含まれます。

ただし、一般的にはそこまで区別せず、電気自動車を「EV」と表現することもあります。

しかし、本書では、**電動車両全般を「EV」、ハイブリッド車を含んだ電動車を「xEV」、そして電気自動車というときは、バッテリー式電気自動車の「BEV」**と表現していきたいと思います。

自家用車以外の電動車両（EV）

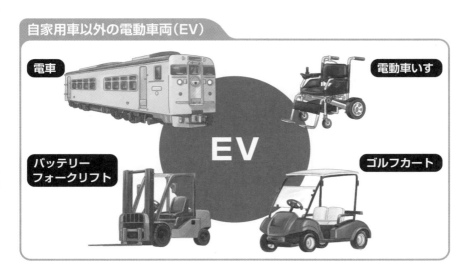

電車

電動車いす

バッテリーフォークリフト

EV

ゴルフカート

1-2 電動車(xEV)に含まれるクルマ

電気の力で走る自家用車が電動車(xEV)となります。そして、電動車(xEV)には、バッテリー式電気自動車(BEV)をはじめ、いくつかの種類が存在します。

モーターで駆動するのは同じでも
電力をどのように準備するのかに違いがある

エンジンだけではなく、**電気の力を使ってモーターで走行する自動車が電動車(xEV)**となります。つい最近まで、自動車といえば、その多くが動力源にエンジンという内燃機関だけを使用していました。

ところが、1997年のトヨタによる電動車(xEV)の一種であるハイブリッド車(HEV)「プリウス」の発売以降、状況が変化していきます。ハイブリッド車

電気の力で走る電動車(xEV)

EV(Electric Vehicle)＝電動車両

電気を動力に変換して走る車

BEV (Battery Electric Vehicle)	HEV (Hybrid Electric Vehicle)	FCEV (Fuel Cell Electric Vehicle)

BEV	**HEV**	**FCEV**
燃　料：電気	燃　料：電気/化石燃料	燃　料：水素
動　力：電気	動　力：電気/化石燃料	動　力：電気
駆動系：モーター	駆動系：モーター/エンジン	駆動系：モーター

一般的に「EV」と呼ばれることが多い。／電気・化石燃料どちらも動力になる。／水素と酸素の化学反応で発電して動力にしている。

（HEV）普及に従い、それ以外の電動車（xEV）も続々と登場してきたのです。

　現在では、**ハイブリッド車（HEV）**と、その派生モデルとなる**プラグインハイブリッド車（PHEV）、さらには電気自動車（BEV）、燃料電池車（FCEV）**などの量産車が発売されています。

　こうしたさまざまな電動車（xEV）ですが、どれも駆動にモーターを使用するのは共通です。そして違いは、電力をいかに準備するかという部分となります。

　ハイブリッド車（HEV）は、エンジン（内燃機関）が電力を生み出します。

　プラグインハイブリッド車（PHEV）は、ハイブリッド車（HEV）のバッテリーに外部から充電できるのが特徴です。

　電気自動車（BEV）はエンジンや発電機がなく、バッテリーの電力のみで走行します。燃料電池車（FCEV）は水素で発電する燃料電池が電力を供給します。

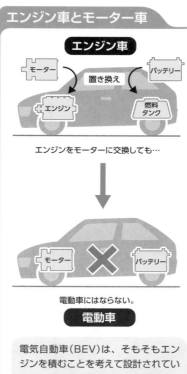

エンジン車とモーター車

エンジン車

モーター　置き換え　バッテリー

エンジン　燃料タンク

エンジンをモーターに交換しても…

モーター　✕　バッテリー

電動車にはならない。

電動車

電気自動車（BEV）は、そもそもエンジンを積むことを考えて設計されていない。エンジン車の置き換えではなく、最初から電気自動車として設計されている。

電動車に含まれるクルマ

ハイブリッド車の先駆けとなったトヨタの初代プリウス

15

1-3 産業車両と建設車両のEV

世の中には乗用車以外の車両が数多く存在しており、それらの電動化も進んでいます。身近な電動車である産業と建設のEVを紹介します。

暮らしを支える産業や建設で活躍するいろいろなEV

世の中には、乗用車以外にも数多くの車両が存在します。そうした車両は、**特殊自動車**と呼ばれ、大きく「**産業車両**」と「**建設車両**」に分けることができます。それらの車両も昨今では電動化が進んでいます。つまり、そうした特殊自動車も電動化された電動車両（EV）と呼ぶことができる存在です。

そんな産業車両と建設車両の電動車両（EV）の具体例を紹介しましょう。

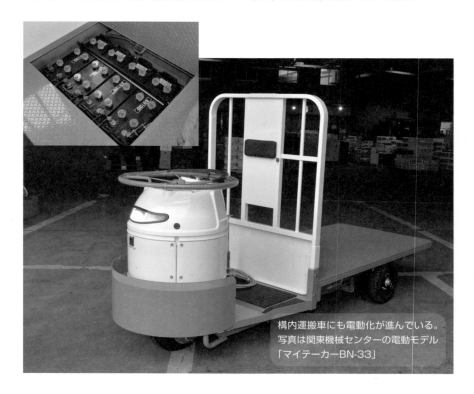

構内運搬車にも電動化が進んでいる。
写真は関東機械センターの電動モデル
「マイテーカーBN-33」

ホンダとコマツが共同開発した交換式バッテリー方式の電動マイクロショベル。写真はマイクロショベルPC01（試作車）

産業車両の代表格は、フォークリフト、ショベルローダー、構内運搬車（ターレと呼ばれることもあります）です。フォークリフトと構内運搬車は、動力源としてバッテリーだけを使う電動車両（EV）が存在しています。フォークリフトの場合は、燃料電池をバッテリーに使うことも考えられています。工場などで使われる電動の無人運搬車（AGV）も電動車両（EV）の一種となります。

建設車両には、重ダンプ（11トン以上）や油圧ショベル（エクスカベータ）があります。重ダンプの多くは、ディーゼル・エンジンで発電し、その電力でモーター駆動する電動車両（EV）です。

油圧ショベルは、エンジンで油圧ポンプを駆動して動きますが、近年はエンジンをハイブリッド化したものも登場しました。さらには、エンジンを搭載しない完全に電動の車両も登場しています。

電気駆動式重ダンプ

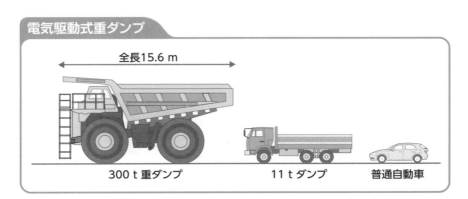

全長15.6 m

300 t 重ダンプ　　　　　11 t ダンプ　　　　　普通自動車

1-4 荷物を運ぶEVトラック
(HEV・BEV・FCEV)

 生活を支える重要なクルマであるトラックも電動化は進んでいます。EVトラックは輸送距離によって導入タイプが異なっていきそうです。

近距離はハイブリッド車（HEV）と電気自動車（BEV）
長距離は水素を燃料とする燃料電池車（FCEV）のトラックに

　荷物を運ぶトラックの電動化も進んでいます。すでに実用化されているのが**ハイブリッド車（HEV）のトラック**で、エンジンとモーターの2つの動力を使い分けて走行します。宅配は発進／停止を繰り返すため、ハイブリッドにすることの効果が大きくなります。

　最近、急激に導入拡大しているのが**バッテリー式の電気自動車（BEV）のトラック**です。ただし、電気自動車（BEV）トラックは走行距離の制限があるため、

決まった範囲で動くルート配送向けの小型なものが多いようです。郵便の配達業務では、すでに電動バイクや軽自動車の電気自動車（BEV）が導入済みです。今後は近距離輸送に電気自動車（BEV）のトラックの普及が予想されます。ただし、電気自動車（BEV）のトラックは搭載バッテリーの分だけ積載量が減るため、ハイブリッド車（HEV）も広く使われるでしょう。

　一方、長距離輸送に使う大型トラック

いすゞのFCEV

は、まだディーゼルエンジン車だけが使われています。ただし、将来的には、**水素を燃料とする燃料電池車（FCEV）が期待**されています。欧州ではバッテリー式の電気自動車（BEV）の大型トラックの開発も継続中です。道路上に架線を張ってパンタグラフでの電気供給も考えられ、今後拡大の可能性もあります。

近隣の輸送は、電気自動車（BEV）とハイブリッド車（HEV）のトラック、そして中長距離は燃料電池車（FCEV）、もしくは給電式の電気自動車（BEV）が未来のトラックの形となりそうです。

いすゞの小型トラック「エルフ」のハイブリッド・モデル。ディーゼルエンジンにモーターを組み合わせる。

日本郵便では軽自動車の電気自動車（BEV）を導入済みである。

1-5 電気で走る いろいろなEVバス

身近な大型車両となるバスは、最近では電動化も進んでおり、さまざまな電動車（xEV）のバスが街中を走っています。どのようなEVなのかを紹介します。

さまざまな動力源を利用するEVバス。ハイブリッド（HEV）のバスがもっとも多い

バスの電動化は進んでおり、街中にはいろいろな種類の電動車（xEV）のバスが走っています。

最も数多く走っているのが**ハイブリッド（HEV）のバス**です。方式としては、エンジンで発電した電力でのモーター駆動する**シリーズ式**、およびエンジン＋モーターの力をミックスする**パラレル式**が使われています。

2021年の東京オリンピックでも話題になった**燃料電池車（FCEV）のバス**は、トヨタ「SORA」が最初の量産車です。

水素を燃料に発電を行い、その電力でモーター駆動します。屋根部分に水素タンクと燃料電池スタックを搭載しています。各地で少しずつ採用が広がっています。

そして、導入が進んでいるのが、**バッテリー式の電気自動車（BEV）**です。バッテリーメーカーでもあるBYDのバスの導入が増えています。

また、かつて人気を集めた電動バスが**トロリーバス**です。これは架線から電力を供給し、車体にあるモーターで駆動す

ハイブリッドバス

るというものです。エンジンもバッテリーも搭載していないのが特徴ですが、近年は、日本国内では廃止の方向で、絶滅危惧種のようになっています。

トヨタが世界で初めて量産化した燃料電池バス「SORA」。愛知万博や都バスなどで長らく試験運行が行われた。

2023年に埼玉の西武バスに導入されたBYDの「K8」バス。287kWhのリチウムイオン電池を搭載して、220kmの航続距離を実現する。

1-6 超小型電気自動車(BEV)と歩行者扱いの電動車両(EV)

電動車両(EV)は大きな自動車とは限りません。軽自動車よりも小さな車両や、さらには歩行者扱いになるものまで存在します。

続々と増えている小さな電動車両(EV)。電動アシスト自転車もEVのひとつ

　電気で動く車両(EV)は、乗用車に限りません。トヨタの「コムス」といった軽自動車よりも小さなモビリティと呼ばれる電気自動車が、すでに街中を走るようになっています。また、前後に二人乗車するオートバイとクルマの中間のような**三輪車(トライクル)も実証実験**されています。

　シニアカーとも呼ばれる電動カートは、さらに小さな電動車両(EV)として古くから販売されていますが、これは法的には歩行者と扱われています。

　一方で、立ち乗りの電動車両(EV)の「セグウェイ」は歩行者扱いされずに、

トヨタ車体の超小型モビリティである「コムス」

スズキ「セニアカー」。一般名称は「シニアカー」となるが、スズキの商品名は「セニアカー」となる。

公道走行ができませんでした。ところが、2023年の道路交通法の改正によって、トヨタの「C+walk」シリーズは公道走行可能になりました。同様に**ナンバー付電動キックボード**も公道を走れるようになっています。

　また、車いすの電動化も進んでいます。たとえば、電動車いすに自動走行機能を追加して、空港などで活用するサービスの実証実験も行われています。

　身近なところは、自転車も電動アシスト機能付きが人気を集めています。これも立派な電動車両（EV）です。電動アシスト自転車は、販売台数だけでなく、1台当たりの単価も高いので、国内の自転車市場の活発化に貢献しています。

一人乗りのモビリティ

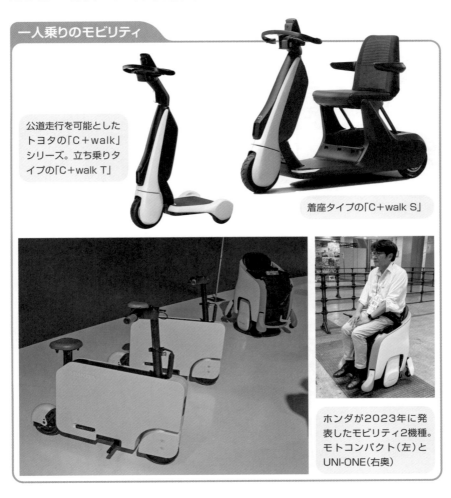

公道走行を可能としたトヨタの「C+walk」シリーズ。立ち乗りタイプの「C+walk T」

着座タイプの「C+walk S」

ホンダが2023年に発表したモビリティ2機種。モトコンパクト（左）とUNI-ONE（右奥）

電動車(xEV)と 電気自動車(BEV)の普及率

過去20年ほどで、日本をはじめ世界ではハイブリッド車(HEV)を筆頭に電動車 (xEV)が増えてきました。現在では、どれだけ普及しているのでしょうか?

電動車(xEV)は全体の約半数にまで伸びたが 電気自動車(BEV)はまだまだこれから

日本は2050年までにカーボンニュートラルを目標として掲げています。その実現のため、国内のCO_2排出量のうち15.5%を占める自家用車や貨物車といった自動車分野の対策が重要となります。その部分の対策として、期待されているのがクルマの電動化であり、電動車(xEV)と電気自動車(BEV)の普及です。

自動車・蓄電池産業 グリーン成長戦略の概要(2021年6月改定)

電動化の目標
- 2035年までに乗用車新車販売で電動車100%を実現する。
- 8トン以下の商用小型車は、2030年までに新車販売で電動車20〜30%、2040年までに新車販売で電動車と合成燃料等の脱炭素燃料の利用に適した車両で合わせて100%を目指す。
- 8トン超の大型商用車は、2020年代に5,000台の先行導入を目指すとともに、2030年までに2040年の電動車の普及目標を設定する。

インフラ整備の目標
- 公共用の急速充電器3万基、普通充電器12万基設置(遅くとも2030年までにガソリン車並みの利便性を実現)する。
- 2030年までに1,000基程度の水素ステーションの整備(商用車向けには事務所の充電・充填設備の整備を推進)する。

燃料のカーボンニュートラル化
合成燃料は、2030年代に導入拡大・コスト低減を行い、2040年までの実用化を目指す。

蓄電池の目標
2030年までのできるだけ早期に、国内の車載用蓄電池の製造能力を100GWhまで高めるとともに、電気自動車とガソリン車の経済性が同等となる車載用の電池パック価格1万円／kWh以下を目指す。

出典：経済産業省「トランジション・ファイナンス」に関する自動車分野における技術ロードマップ

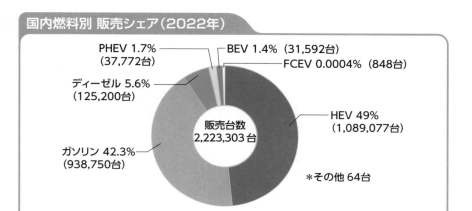

国内燃料別 販売シェア（2022年）

PHEV 1.7%（37,772台）
BEV 1.4%（31,592台）
FCEV 0.0004%（848台）
ディーゼル 5.6%（125,200台）
HEV 49%（1,089,077台）
販売台数 2,223,303台
ガソリン 42.3%（938,750台）
＊その他 64台

出典：一般社団法人日本自動車販売協会連合会「燃料別販売台数（乗用車）」

　2022年に国内で販売された乗用車（軽自動車は除く）は約222万台で、49%と最大を占めたのはハイブリッド車（HEV）でした。ガソリン・エンジン車は、2位となる42.3%、そして、ずっと離れて5.6%のディーゼルエンジン車、1.7%のプラグインハイブリッド車（PHEV）、1.4%の電気自動車（BEV）、0.1%未満の燃料電池車（FCEV）と続きます。

　電動車（xEV）全体は52.1%を占め、すでにエンジン車を上回っています。ただし、**電気自動車（BEV）とプラグインハイブリッド（PHEV）の合計は、わずか3.1%**に留まります。

　日本政府は、**2030年までに電気自動車（BEV）とプラグインハイブリッド（PHEV）の新車販売シェア20～30%、2035年までに新車販売のすべてを電動車（xEV）にすることを目標**に掲げていますが、現実はまだまだで、目標達成は遠いというのが現状です。

日本の電動車普及の目標

目標年度	目標	FCEV	BEV	PHEV	HEV	ICV
2030	HEV：30～40% BEV：PHEV：20～30% FCEV：～3%	～3%	20～30%		30~40%	50%
2035	電動車（BEV/PHV/FCEV/HEV）：100%	100%				対象外

※「ICV」はエンジン車を示す。
出典：経済産業省「トランジション・ファイナンス」に関する自動車分野における技術ロードマップ

第2章

電気自動車（BEV）の歴史

History of Electric Vehicles（BEV）

次世代の自動車の主力として期待される電気自動車（BEV）ですが、その誕生は意外に古く、長い歴史があります。電気自動車（BEV）がどのようにして生まれ、そしてエンジン車などほかのクルマとどのように関係してきたのかを紹介します。

2-1 最初の電気自動車(BEV)の誕生

電気自動車(BEV)誕生の萌芽となったのは、1800年の電池の発明です。その後、電気自動車は模型から作られはじめました。

電池の発見、モーターの発明に続いて
電気自動車(BEV)が誕生した

　電気自動車(BEV)誕生の出発点は、**イタリアのボルタによる1800年の電池の発見**です。その後、**イギリスのファラデー**による**モーターの発明**により、電気で車両を動かす試みが本格化します。

　ハンガリーのアニョスは、1827年にモーターを発明し、翌1828年に模型の電動車両を走らせたといわれています。また、**オランダのストラチン**は、模型の電動三輪車を走行実験したとされています。

オランダのフローニンゲン大学に残る、ストラチンの模型電気自動車のレプリカ

ボルタ電池

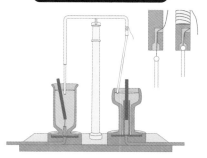
ファデラーのモーター

電気自動車(BEV)は、電池の発見とモーターの発明によって可能になった。

さらに1832年から1839年かけて、**スコットランドのアンダーソン**は、馬なし馬車を走行させたという話も残っています。ちなみに、ここまで使われていたのは充電できない電池の、いわゆる一次電池と呼ばれるものでした。

一方、充電可能な二次電池は、1859年に**フランスのプランテ**により発明されました。その技術を使った電動車両は、1881年のパリ博覧会にて、**フランスのトルーペ**が発表し、これが二次電池を使う最初の充電式電動車両となりました。その翌年の1882年には、**イギリスのエアトンとペリー**が、0.5馬力のモーターを搭載する三輪の電動車両を試作します。最高速度9mphで航続距離10〜25マイルを実現し、これらが本格的な電気自動車（BEV）の起源となります。

ちなみにエンジン車の最初の1台とな

1885年に発明されたエンジン式の自動車「ベンツパテントモトールヴァーゲン」

るのが、1885年に発明された「ベンツパテントモトールヴァーゲン」でした。

つまり、**電気自動車（BEV）はエンジン車より先に発明された**ことになるのです。

1882年に試作されたエアトンとペリーの電気自動車。電池セルの切り替えによる速度制御ができ、ライトも搭載していた。

29

2-2 電気自動車(BEV)の全盛時代

 1800年代後半に生まれた電気自動車(BEV)は、1900年ごろ、当時もライバルであったエンジン車を抑えて全盛期を迎えていました。

低振動、静か、始動の簡単さなどが認められ
アメリカでは3万台以上の電気自動車(BEV)が登録

電気自動車(BEV)やエンジン車が生まれたのは1800年代の終わり、もうすぐ20世紀を迎えようという時代です。

当時の新しい乗り物として、人気を争ったのは、電気自動車(BEV)、エンジン車、そして蒸気機関を載せた蒸気自動車でした。

ところが、エンジン車は、振動や騒音が大きく、排気ガスも出ます。さらに始動にクランクシャフトを回す必要があるなど、欠点がたくさんありました。

また、蒸気自動車も走行前に蒸気を作るウォーミングアップの時間が必要で、すぐに走り出せませんでした。また、水の補給のために航続距離が短いという問題も抱えていました。

電気自動車(BEV)、エンジン車、蒸気自動車の比較

電気自動車
電気

バッテリーに電気を充電する ➡ 電気でモーターを動かし駆動力を生む ➡ タイヤが回る（車が走る）

エンジン車
GAS

ガソリンタンクにガソリンを入れる ➡ ガソリンでエンジンを動かし駆動力を生む ➡ タイヤが回る（車が走る）

蒸気自動車
石炭

石炭と水を積む ➡ 蒸気の力で駆動力を生む ➡ タイヤが回る（車が走る）

1899年、人類初の時速100kmの壁を破った電気自動車(BEV)「ジャメコンタント号」

1900年(明治33年)、皇太子(後の大正天皇)ご成婚に際し、当時の最新の発明品であった電気自動車(BEV)が献上された。これが日本を走った最初の電気自動車(BEV)である。

一方、電気自動車(BEV)は**始動が簡単でクリーン、そして静か**でした。1899年には電気自動車(BEV)が自動車の最高速度記録(105.88km/h)を記録し、人類が初めて**時速100kmの壁を超えた歴史的な記録**を打ち立てます。そのため1800年代終盤ごろ、電気自動車(BEV)は隆盛を極めます。

アメリカの1899年の自動車製造台数は電気自動車(BEV)が1575台で、蒸気自動車が1681台、エンジン車が936台でした。電気自動車(BEV)が全体の38%を占めます。1899年のニューヨーク市内では約100台の電気自動車(BEV)のタクシーが走っていました。**1912年のアメリカには電気自動車(BEV)が3万台も登録されていたので**す。

1898年、フェルディナント・ポルシェが設計した電気自動車(BEV)「エッガー・ローナーC.2フェートン」。なんと、モーターはインホイールモーターが採用されている。当時はハブモーターと呼ばれていた。モーターの出力は1.8kWが2台、最高速度は時速50km、航続距離50kmだった。

2-3 エンジン車が本格的に普及

先に人気を集めた電気自動車（BEV）ですが、1900年代に入るとエンジン車が台頭していき、すぐにエンジン車全盛の時代となりました。

エンジン車の欠点を克服したことで
20世紀に入って本格普及を開始

20世紀に入る前から開発競争を繰り広げていた電気自動車（BEV）とエンジン車ですが、最初は電気自動車（BEV）が人気を集めます。しかし、すぐに状況は変化します。

1908年、アメリカでは「T型フォード」が登場します。本格的な自動車の量

産時代が到来したことで、**エンジン車の価格は大幅に低下**します。量産効果もあり、エンジン車の値段は、当時の電気自動車（BEV）の約1/3にまで低下したといわれています。

また、1912年には、キャデラックからSLI（Starting Lighting Ignition）付

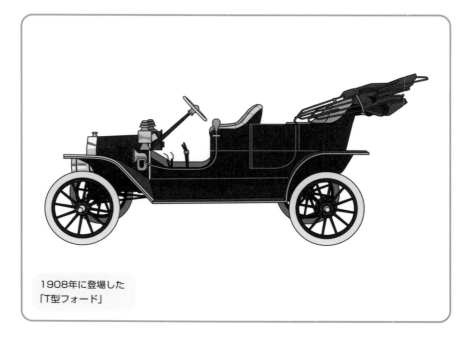

1908年に登場した
「T型フォード」

きのエンジン車が登場します。今でいう「電気式エンジンスターター」です。これによりエンジン車の最大の欠点であった、**クランク棒を使っての人力でのエンジン始動**という、面倒な作業から運転手は解放されることになったのです。また、エンジンの騒音を小さくするマフラーも発明されました。

こうしたエンジン車の性能向上により、エンジン車の販売はどんどんと伸びていきます。また、同時期にアメリカでは数多くの油田が発見されています。そうした時代背景もあわせて、**自動車の主流はエンジン車に傾きます。**

その結果、1924年のアメリカでは、電気自動車（BEV）の生産391台に対して、エンジン車の生産は318万台にまで拡大しました。勝負は完全について、20世紀はエンジン車全盛の時代となっていくのです。

クランク棒を使っての人力でのエンジン始動は、エンジン車の大きな欠点だった。

マフラーの構造

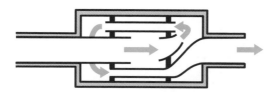

マフラーは、上図のような「多段膨張式」と呼ばれる構造が多く使用される。内部を仕切っていくつかの小室に分け、わざと遠回りになるように長さや太さの違うパイプでつなぎ、そこを通った排気が膨張や収縮などを繰り返すことで音の圧力波を減衰し音量を下げるしくみである。

2-4 ハイブリッド車(HEV)の意外に早い登場

今や日本でもっとも数多く売れる電動車(xEV)がハイブリッド車(HEV)です。その誕生は意外にもかなり早い時期でしたが、普及には時間がかかりました。

電気自動車(BEV)の欠点をカバーするため
1899年に2台のハイブリッド車(HEV)が登場した

　20世紀をまたぎ、自動車の主流という立場を争ったのが、電気自動車(BEV)とエンジン車です。ところが、その間に、じつはハイブリッド車(HEV)も誕生していました。

　1899年に開催された第1回のパリモーターショーでは、数多くの新型車が発表されました。電気自動車(BEV)は29台、2年後の1900年のパリ万博では63台もの電気自動車(BEV)が出品されたといいます。

　そんな第1回パリショーには、2台のハイブリッド車(HEV)も混じっていたのです。1台は、ベルギーのパイパーが試作したパラレル式ハイブリッド車(HEV)で、もう1台は、フランスの会社が試作したレンジエクステンダー式(充電率が下がったら発電機を回す方式)のハイブリッド車(HEV)でした。世界初の本格的ハイブリッド車(HEV)は、この2台になります。また、ポルシェも1901年に「ローナーポルシェ・ミクス

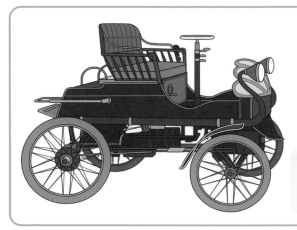

パイパーのハイブリッド車。1899年第1回パリモーターショーに出品されたハイブリッド車の1台である。

テ」を発表しています。ポルシェは1898年から電気自動車（BEV）を開発していましたが、バッテリーの重さによる性能低下を嫌い、ハイブリッド車（HEV）の開発に切り替えていたのです。

しかし、その後のエンジン車の隆盛に伴い、**ハイブリッド車（HEV）は電気自動車（BEV）と共に時代の波にのまれました**。雌伏の時代は、1997年に登場するトヨタ「プリウス」まで続いたのです。

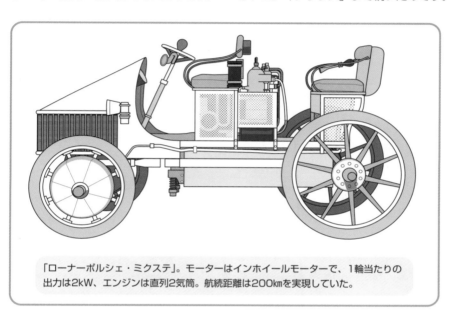

「ローナーポルシェ・ミクステ」。モーターはインホイールモーターで、1輪当たりの出力は2kW、エンジンは直列2気筒。航続距離は200kmを実現していた。

ミクステの仕様

形式	シリーズハイブリッド
駆動方式	前輪2輪駆動　インホイールモーター
重量	1200kg
エンジン	直列2気筒　ド・ディオン・ブートン社製エンジン（De Dionn Bouton）2台
エンジン冷却	水冷（エンジンで駆動する水ポンプを使用）
エンジン出力	2.6kW 2台
モーター	2kW 2台
発電機	1.84kW 20A.90V　2台
バッテリー	44セル（ガラス瓶入り）

2-5 電気自動車(BEV)の復活

エンジン車の隆盛と共に死に絶えたかと思えた電気自動車(BEV)でしたが、時代の流れの中で、これまで何度も復活の動きが見えていたのです。

燃料不足、大気汚染対策などを理由に
電気自動車(BEV)への期待が高まった

20世紀になると、自動車の主流はエンジン車となりました。しかし、電気自動車(BEV)は消え去らず、過去、何度も脚光を集める時代が訪れています。

大きく注目されたのは、**第二次世界大戦後の燃料不足の時代**です。日本では、街中を走るバスの動力源が電気になったからです。

また、電気自動車(BEV)を販売するメーカーも誕生します。戦前の立川飛行機から派生した「東京電気自動車(後のプリンス自動車、現在は日産自動車)」は、電気自動車(BEV)の「たま号」を1947年に発売します。「たま号」は、

1951年ごろまでタクシーなどにも使われ、累計1000台以上が生産されています。

ガソリン供給の不安定さ、排気ガスの大気汚染問題などから電気自動車(BEV)が注目を集めた時代もあったが、そのときは成長できずに終わった。

第二次世界大戦直後に発売となった「たま号」。車体下部に鉛電池を搭載し、最高速度時速35km、航続距離95kmを記録した。しかし、ガソリン供給の復活と共に販売は先細り、1950年代には消えていった。

1960年代からは大気汚染が問題になり、電気自動車（BEV）がさまざまな機関で研究されるようになり、1970年の石油ショックでも電気自動車（BEV）の期待が高まります。

　　1990年代になると、地球環境の観点から電気自動車（BEV）への注目度が高まります。アメリカのカリフォルニア州は、1990年に**ZEV（Zero Emission Vehicle）**法を発令し、その流れで1996年にGMの「EV1」が登場します。他メーカーからも、いくつかの電気自動車（BEV）が販売されていますが、三元触媒の完成でエンジン車の大気汚染対策が実現した結果、またもや電気自動車（BEV）は衰退します。

ZEV

　　1990年、アメリカのカリフォルニア州で自動車メーカーに対して課された制度です。ZEVは、ゼロミッションビークルの略で、走行中に排出ガスを出さないクルマをいいます。こうしたクルマを一定比率以上販売することを法律で義務づけました。バッテリーで走る電気自動車（BEV）や燃料電池車（FCEV）などのクルマが該当します。

1996年GMが発表した電気自動車（BEV）のEV1

電気自動車(BEV)の本格的な普及

 2009年から日本では本格的な電気自動車(BEV)の販売がスタートしました。現在では、世界中の自動車メーカーがEVを手掛けています。

リチウムイオンバッテリーの進化に合わせ2020年代になって世界中の自動車メーカーが電気自動車(BEV)を発売している

日本の大戦直後、1970年代、そして1990年代というBEVブームと呼べる注目の時代があっても、結局のところ電気自動車(BEV)は普及しませんでした。

一方で、1990年代に新たなニッケル水素バッテリーが実用化されています。1997年には、**ニッケル水素バッテリーを搭載するハイブリッド車「プリウス」**が登場し、リチウムイオンバッテリーの開発も進んでいきました。

そして、2000年代後半、環境問題への対策や、ハイブリッド車(HEV)の普及と並行して再び世界中で電気自動車(BEV)への注目が高まります。その中で、2009年に三菱自動車「i-MiEV」、翌2010年に日産「リーフ」という本格的な量産電気自動車(BEV)が登場します。

また、欧州では2015年にフォルクスワーゲンによる排気ガス規制の不正、いわゆる**「ディーゼルゲート事件」**が発覚しました。欧州は次世代の環境対策として電気自動車(BEV)に大きく舵を切りました。自動車市場が巨大化した中国も、国策として電気自動車(BEV)を押すことになりました。

その結果、2020年ごろから世界中の自動車メーカーから、数多くの電気自動車(BEV)が登場しました。ここに、ようやく電気自動車(BEV)の本格普及がスタートしたのです。

ディーゼルゲート事件

2015年に発覚したフォルクスワーゲンの不正で、ディーゼル・エンジンの排気ガス規制のテストを逃れるために不正なソフトウェアを使用していたというものです。この不正ソフトを載せたディーゼル・エンジン車は世界1100万台ともいわれ、ディーゼル・エンジンへの信頼性と販売に大きな打撃を与えることになりました。

電気自動車(BEV)の歴史

西暦(年)	出来事
1830年代	スコットランドのアンダーソンが「馬なし馬車」(一次電池)を試験
1881年	フランスのトルーベ、ジーントーが二次電池の電気自動車(BEV)を試作
1882年	イギリスのエアトンとペリーが三輪電気自動車(BEV)を試作
1885年	ダイムラーがエンジンを積む自動二輪、ベンツが自動三輪車を発明
1887年	アメリカのモリソンが6人乗りの電気自動車(BEV)を試作
1897年	ロンドンに電気自動車(BEV)のタクシーが登場(「バーシーキャブ」と呼ばれた)
1899年	電気自動車(BEV)が時速106kmを最高速度を達成
	パリモーターショーにハイブリッド車2台が展示
1900年	日本に初の電気自動車(BEV)がアメリカから輸入
	ヨーロッパで電気自動車(BEV)が全盛期を迎える
1901年	ポルシェ博士がハイブリッド車を発表(「ロナーポルシェ・ミクステ」と呼ばれる)
1908年	T型フォードが発表されエンジン車の本格的な量産化がスタート
1909年	発明王・エジソンが電気自動車(BEV)を発表
1912年	アメリカで電気自動車(BEV)の普及がピーク
	キャデラックがSLI搭載車を発売
1947年	第二次世界大戦後のガソリン不足をうけ、電気自動車の「たま号」発売
1960年代	大気汚染対策として電気自動車(BEV)の研究が盛んに
1970年代	石油ショックによって電気自動車(BEV)への期待が高まる
1980〜90年代	ZEV法(ゼロエミッション規制)対応車が登場
1997年	トヨタより世界初の本格的な量産ハイブリッド車「プリウス」が発売
2008年	テスラより電気自動車「ロードスター」が発売
2009年	三菱自動車より電気自動車「i-MiEV」が発売
2010年	急速充電器の規格を提案する日本発の協会CHAdeMO協議会設立
	日産自動車より電気自動車「リーフ」が発売
2015年	フォルクスワーゲンのディーゼルゲート事件が発覚
2020年	ホンダより電気自動車「Honda e」が発売
2022年	トヨタより電気自動車「bZ4X」が発売

電気自動車の普及

電気自動車（BEV）の補助金制度

車両から充電設備までの厚い優遇措置を国や自治体が用意している

　電気自動車（BEV）は駆動用バッテリーのコストが高いこともあり、新車価格はエンジン車に比べ、どうしても割高になってしまいます。

　そんな電気自動車（BEV）を普及するためには、国や自治体からの補助金や優遇措置が欠かせません。日本だけでなく、アメリカや欧州、中国にも電気自動車（BEV）普及のための補助金や優遇措置が用意されています。

　日本には税制の優遇があるだけでなく、クリーンエネルギー自動車導入促進補助金（CEV補助金）の名称で、国からの補助金が用意されています。「クリーンエネルギー自動車」（CEV）には、電気自動車（BEV）をはじめ燃料電池車（FCEV）やプラグインハイブリッド車（PHEV）も含まれます。補助金は年度ごとに予算が組まれ、例年、年明け1〜2月ごろに予算が尽きて、受付が終了に

なっています。年度ごとの設定なので、この先ずっと続く保証はありませんが、2009年発売の三菱自動車の「i-MiEV」や2010年の日産「リーフ」の頃から継続されています。

　補助金の額は、車種の型式ごとに設定されており、年によって変動もあります。令和5年度（2023年）の交付額は37〜85万円となっています。

　また、国だけでなく一部の地方自治体にも、同様の補助金制度が存在します。例えば、東京の場合、電気自動車（BEV）向けには37〜75万円を用意しています。地方自治体の補助金と国の補助金は併用することが可能です。

　また、補助金は車両だけでなく、充電設備にも用意されています。電気自動車（BEV）用の充電設備を設置するときには、補助金の有無の確認をお忘れのないようにしてください。

ブランド	車名	グレード	型式	定価(円)	補助金交付額(円) 給電能力あり	なし
アウディ	Q4	40 e-tron	ZAA-FZEBJ	5,800,000		650,000
		Sportback 40 e-tron advanced	ZAA-FZEBJ	6,636,364		650,000
スバル	SOLTERRA	ET-SS	ZAA-YEAM15X	6,100,000	850,000	
		ET-HS	ZAA-YEAM15X	6,500,000	850,000	
テスラ	モデル3	RWD スタンダードレンジプラス	ZAA-3L13	4,354,546		650,000
		AWD ロングレンジ	ZAA-3L23	5,127,273		650,000
		AWD パフォーマンス	ZAA-3L23P	6,520,910		650,000
トヨタ	bZ4X	G （2WD)	ZAA-XEAM10	5,000,000	850,000	
		G （4WD)	ZAA-YEAM15	5,454,545	850,000	
		Z （2WD)	ZAA-XEAM10	5,454,545	850,000	
		Z （4WD)	ZAA-YEAM15	5,909,091	850,000	
日産	アリア	B6	ZAA-FE0	4,900,000	850,000	
		B6 e-4ORCE limited	ZAA-SNFE0	7,182,000	850,000	
	リーフ	S	ZAA-ZE1	3,024,000	780,000	
		e+ G	ZAA-ZE1	5,304,000	850,000	
BMW	iX xDrive40	ローンチ・エディション	ZAA-12CF89S	10,500,000		520,000
BYD	DOLPHIN		ZAA-EM2EXSF	3,300,000		650,000
		Long Range	ZAA-EM2EXSQ	3,700,000		650,000
	ATTO 3	類別：0012	ZAA-SC2EXSQ	4,000,000	850,000	
ヒョンデ	KONA	Casual	ZAA-SX2STD	3,630,000		650,000
		Lounge	ZAA-SX2LRG	4,450,000		650,000
フォルクスワーゲン	ID.4	Lite	ZAA-E2EBJ	4,674,545		650,000
		Pro	ZAA-E2EBJ	5,898,182		650,000
プジョー	e-208	Allure	ZAA-P21ZK01	4,267,273		650,000
ポルシェ	Taycan（タイカン）	4 Cross Turismo	ZAA-J1NA2	12,276,000		520,000
		Turbo	ZAA-J1NC	18,963,636		486,000
マツダ	MX-30 EVモデル	EV Highest Set（車台番号：100176以降）	ZAA-DRH3P	4,560,000	512,000	
メルセデス・ベンツ	EQC	400 4MATIC（類別：左から2桁目が3）	ZAA-293890	9,009,091		465,000
	EQS	450 4MATIC SUV	ZAA-296624	14,018,182	680,000	
レクサス	UX 300e	Version C（類別：0003、0004）	ZAA-KMA10	5,727,273	850,000	
	RZ 450e	version L	ZAA-XEBM15	8,000,000	850,000	

コラム

第3章

自動車の
運動と搭載機器

Vehide dynamics and automobile equipment

クルマが走るとき、どのような力が働いているのか？　また、走るためには、どのような機器が用いられているのかを紹介します。電気自動車（BEV）といってもクルマの一種です。クルマという存在を理解するうえで、運動と搭載機器は必須のポイントとなります。

3-1 クルマの動力学とは

クルマが動くときは、多くの力が作用しています。それらの力を理解するためのものが動力学です。動力学モデルの基本を紹介します。

クルマに働くすべての力は運動方程式で示すことができる

クルマの運動にはさまざまな力が作用しています。それらを理解するために使用されているのが**運動方程式**です。

具体的にいえば、クルマが直進するときには「**牽引力（Ft）**」や「**走行抵抗（R）**」が働きます。また、「走行抵抗（R）」には、「**転がり抵抗（Fr）**」、「**空気抵抗（Fw）**」、「**勾配抵抗（Fg）**」が含まれています。これらの力をすべて合算した結果が、クルマの走行速度となるのです。

クルマに働く力

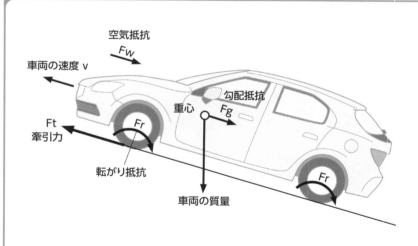

空気抵抗 ：空気の圧力や摩擦で空気の力を受ける
転がり抵抗：ゴムタイヤが路面を転がるときに変形するので路面との間に摩擦が生じる
勾配抵抗 ：坂を上るときの抵抗
牽引力 ：車が発生している進行方向の力

クルマの運動モデルの基本となる6軸の動き

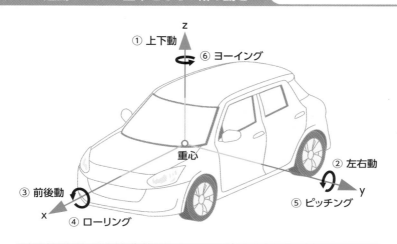

z

① 上下動

⑥ ヨーイング

重心

② 左右動

③ 前後動

y

⑤ ピッチング

x

④ ローリング

① 上下動【z軸方向の併進運動】
　路面の不整によって生じる
② 左右動【y軸方向の併進運動】
　操舵による左右運動
③ 前後動【x軸方向の併進運動】
　車両の駆動、制動

④ ローリング【x軸回りの回転運動】
　操舵や路面の不整によって生じる
⑤ ピッチング【y軸回りの回転運動】
　路面や加減速によって生じる
⑥ ヨーイング【z軸回りの回転運動】
　操舵による車両の向きの変化

　具体的には、以下のような運動方程式が成り立ちます。

（牽引力－走行抵抗）＝

**　　　　　（加速度）×（車両の重量）**

　また、物体を動かすことを「仕事（W）」と呼びます。それをクルマにあてはめ、「車両に力（F）を作用させて距離（L）mだけ移動したときの仕事（U）」という式を作ると、以下のようになります。

U＝F・L

　こうした式を使って、タイヤのすべりと粘着、ブレーキ力など、クルマに作用するさまざまな力を表すことができるようになっています。

　もちろん、クルマが直線的に前後するだけでなく、カーブを曲がるときにかかる力も、同様に運動方程式で考えることができます。

　その場合、クルマの動きは、クルマの重心から、上下に伸びるz軸、横方向に伸びるy軸、前後に伸びるx軸の3つの軸の上で、上下動、左右動、前後動、ローリング、ピッチング、ヨーイングの6つの動きになります。

3-2 クルマの心臓となる原動機

 クルマを走らせる動力源となるのが原動機です。電気自動車（BEV）ではモーター、ハイブリッド車（HEV）ではエンジンが、その役割を担います。

エンジンとモーターの特性は異なる。
エンジンは欠点を補ってきた歴史がある

　電気自動車（BEV）でクルマを駆動するのは**モーター**です。一方で、一部のハイブリッド車（HEV）は、モーターだけでなく、エンジンも駆動に使う方式があります。

　ここで重要になるのは、同じ動力源でありながらも、モーターとエンジンでは、その特性が大きく異なることです。

　エンジンの特性は、低回転ではトルクが小さく、中回転域で高トルク・高効率になり、高回転域ではトルクが落ち込みます。この特性は、じつはクルマに使うのにはあまり向いたものではありません。本来、**クルマは発進時に高トルクが必要になり、走行中は回転数が変化する**など、意外と欠点があるのです。

エンジンとモーターの効率マップ

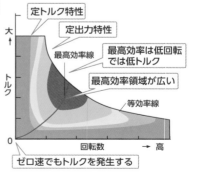

クラッチを使うマニュアルミッションの原理

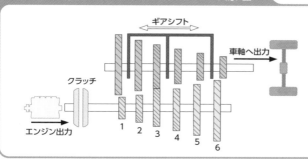

ギアシフト

クラッチ

車軸へ出力

エンジン出力

1 2 3 4 5 6

ギアシフトにより
どれか1組のギア
がかみ合い、ギア
比が変わる。
低速ではギア比が
大きく高速になる
ほどギア比が低く
なる。

　ただし、エンジンはその長い歴史の中で、欠点を補うため**トランスミッションやクラッチなどを進化**させてきました。そのため、マニュアルミッションを筆頭に、トルクコンバーター式AT、CVT、DCTなど、多様な動力伝達装置が生まれているのです。

　一方、**モーターはゼロ回転でもトルクを発生**し、広い回転数の範囲で安定したトルクを生み出すことができます。そのため、モーターはトランスミッションなしでもクルマを走らせることが可能となっています。

BEVの「リーフ」に搭載されているモーターユニット

3-3 タイヤとブレーキの働きとしくみ

クルマの走行性能に大きな影響を与えるのがタイヤとブレーキです。それぞれ、どのような役割を果たし、そしてどのようなしくみになっているのかを解説します。

クルマの運動性能の要となるタイヤとブレーキ

電動車（EV）、エンジン車にかかわらず、その運動性能に大きな影響を与えるのがタイヤであり、ブレーキです。

とくにタイヤは、「車両の重量を支える」、「駆動力・制動力を路面に伝える」、「方向を転換・維持する」、「路面からの衝撃をやわらげる」という大きな役割を果たしています。

タイヤの役割

1 車両の重量を支える

車体や乗員・荷物などの重量を支える。

2 駆動力・制動力を路面に伝える

車のエンジンやブレーキのパワーを速やかに路面に伝え、進んだり止まったりする。

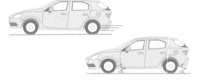

3 方向を転換・維持する

直進を維持したり、方向を転換したり、車の進む方向をリードする。

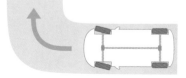

4 路面からの衝撃をやわらげる

路面の凹凸によって発生する衝撃を吸収し緩和する。

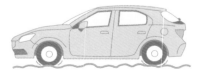

出典：ブリヂストン

電動車用のマーク。タイヤに電動車対応品を示すマークが導入された。

また、タイヤは路面を転がることで、**「転がり抵抗」** を発生させています。この「転がり抵抗」が大きいと燃費や電費が悪化してしまいます。

また、電気自動車（BEV）は、バッテリーの分だけ重量がかさむため、転がり抵抗が大きくなり、さらに、より大きな「車両の重量を支える」力が求められます。

次にブレーキです。クルマのブレーキには、走行中の**減速／連続制動**、止まるための**停止制動**、駐車のときの**固定制動**という3種の機能が備わっています。基本的には、油圧を使ってブレーキパッド／ブレーキシューという摩擦材を、ブレーキローター／ブレーキドラムに押し付けて、その摩擦によって制動力を生み出します。

電動車（xEV）の多くは、**駆動用モーターを制動に使う回生ブレーキ**の機能が備わっており、その場合、回生ブレーキと摩擦ブレーキが併用されます。この2つをバランスよく組み合わせて使用することは、**回生協調ブレーキ**と呼ばれています。

摩擦ブレーキのしくみ

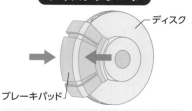

ドラムブレーキ

ドラム
ブレーキシュー

ドラムブレーキ：車輪の内側にあるドラムに内側からブレーキシューを押しつける。

ディスクブレーキ

ディスク
ブレーキパッド

ディスクブレーキ：車輪と一緒に回転するディスクをブレーキパッドで挟む。

3-4 操舵装置とパワーステアリングのしくみ

クルマを自由自在に走らせるために必須となるのが操舵装置です。また、操舵力をアシストする機構がパワーステアリングとなります。

操舵装置では「ステア・バイ・ワイヤ」が登場。
パワーステアリングは電動式が主流である

操舵装置の基本は、左右の前輪ともに1つの旋回中心にあっていることです。左右の前輪が同じ角度で並行に操舵すると、回転中心が2つになってしまいます。この左右の操舵輪の角度が異なる機構を、**アッカーマン機構**と呼びます。

操舵をアシストするのが**パワーステアリング**です。現代のクルマは、すべてにパワーステアリングが装備されています。

かつては、エンジンの力で油圧ポンプを回してアシストを行いました。いわゆる「油圧式パワーステアリング」です。

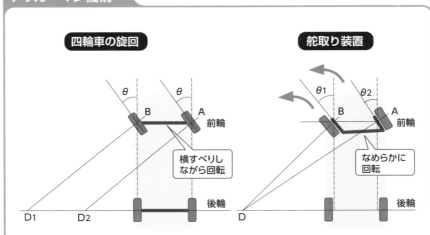

アッカーマン機構

四輪車の旋回

舵取り装置

横すべりしながら回転

なめらかに回転

前輪が平行に操舵されると旋回点が2つになってしまい、前輪の片方が横すべりする。旋回点が1つになるように、左右輪が異なる角度で操舵するとなめらかに旋回することができる。

電動パワーステアリングの原理

操舵トルク

減速機

トルク

ECU

車速

モーター

トルク指令

タイヤ

ラック&ピニオン

タイロッド

操舵トルクと車速に応じてモーターがアシスト力を発生する。

ところが、エンジンで常時ポンプを回すため、燃費が悪化します。エンジンのアイドリングストップを行うと、発進直後に油圧が得られないこともあります。

そのため、近年ではモーターでアシストする**電動式パワーステアリング（EPS：Electrical Power Steering）**が主流になっています。電動式パワーステアリングは、燃費に優れるだけでなく、速度域や操舵角、操舵速度などを緻密に制御できることも魅力です。エンジンのない電気自動車（BEV）は、当然、**電動式パワーステアリングを使用**しています。

また、次世代の操舵装置としては、ステアリングと操舵機構が電気だけつながっている**「ステア・バイ・ワイヤ」**が登場しています。ハンドルを自由にレイアウトできるのがメリットです。

トヨタの電気自動車（BEV）の「bZ4X」はステア・バイ・ワイヤを開発し、市販されている。

3-5 クルマに欠かせない エアコンなどの補機

クルマにはエアコンや冷却用のポンプなど、いわゆる「補機」と呼ばれる装置が備わっています。エアコンはクルマの電動化で変化が起きています。

エアコンなどの補機への電力供給は 電動化の流れの中でバッテリーから直接に

クルマには、**補機**と呼ばれる装置が備えられています。エンジン車の場合、クランクシャフトの回転を、ベルトを介して、ポンプやエアコンなどの補機類へ動力を供給しています。また、その他のランプなどの電源は、ベルトを介して発電機（オルタネーター）を回して供給しています。ですが、クルマの電動化が進むほどに、そうした補機類はエンジンではなく、バッテリーなどから直接に電力が供給されて作動するように変わってきています。

冷房に用いられるエアコンの原理

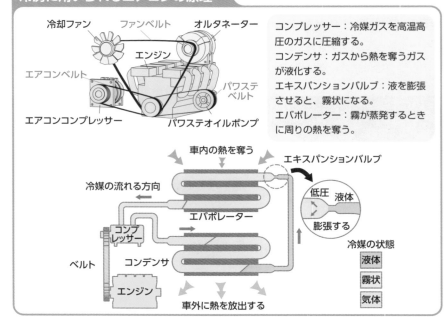

コンプレッサー：冷媒ガスを高温高圧のガスに圧縮する。
コンデンサ：ガスから熱を奪うガスが液化する。
エキスパンションバルブ：液を膨張させると、霧状になる。
エバポレーター：霧が蒸発するときに周りの熱を奪う。

冷却ファン　ファンベルト　オルタネーター
エンジン
エアコンベルト
パワステベルト
エアコンコンプレッサー　パワステオイルポンプ

車内の熱を奪う
エキスパンションバルブ
冷媒の流れる方向
エバポレーター
低圧　液体
膨張する
コンプレッサー
コンデンサ
冷媒の状態
ベルト
液体
エンジン
霧状
気体
車外に熱を放出する

カーエアコンの構成

クーリングユニット　低圧ホース　　コンプレッサー

高圧ホース

カーエアコンはエンジンルーム内に装着され、クーリングユニットで車室内に冷風を供給する。

レシーバータンク　　　　　　　　コンデンサー

そんな補機の中で、**クルマの電動化で変化を強いられるのがエアコン**です。エアコンは、冷媒を循環させ、空気と熱をやり取りして室内を冷やします。ルームエアコンや冷蔵庫と同じしくみです。

冷媒を圧縮するために必要なコンプレッサーはベルトを介してエンジンで駆動しています。エンジンのない電気自動車(BEV)やエンジンの運転時間の短い

ハイブリッド車(HEV)ではモーターを内蔵した電動コンプレッサーを使い、バッテリーの電力を使って冷房します。

暖房は、エンジン車の場合、エンジンの冷却水を利用して室内を温めます。エンジンのない電気自動車(BEV)は、代わりに電気を使って**PTC(Positive Temperature Coefficient)**ヒーターで室内の空気を温めます。

電動カーエアコン

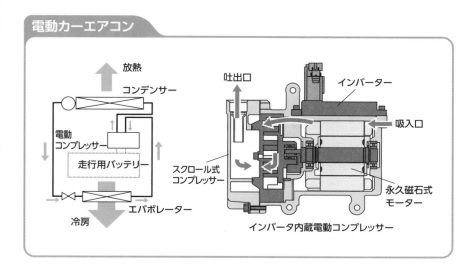

放熱

コンデンサー

電動コンプレッサー

走行用バッテリー

エバポレーター

冷房

吐出口

インバーター

吸入口

スクロール式コンプレッサー

永久磁石式モーター

インバータ内蔵電動コンプレッサー

第 4 章

電気自動車（BEV）のしくみ

Mechanisms of battery electric vehicles (BEV)

電気自動車（BEV）は、どのようなしくみで走行しているのでしょうか？そこに使われているメカニズムや特徴、そして性能を把握するための指標などを説明します。従来あったエンジン車と電気自動車（BEV）の違いがわかる重要なポイントとなります。

電気自動車（BEV）を形作るもの

電気自動車（BEV）は、エンジン車とはまったく違った機器で構成されています。それは「車載電池システム」、「パワーユニット」、「ドライブトレーン」の3つです。

「車載電池システム」「パワーユニット」「ドライブトレーン」の3つの構成要素で成り立つ

電気自動車（BEV）は、エンジン車と異なるシステムで成り立ちます。その構成要素は、「**車載電池システム**」、「**パワーユニット**」、「**ドライブトレーン**」の3つとなります。

電気自動車の構成要素❶
車載電池システム

駆動用の電力を貯める電池（バッテリー）と、電池に充電するための充電装

電気自動車の構成要素

```
                    プロパルジョンシステム
          ┌─────────────────────────────────┐
          │          パワートレーン           │
          │      ┌─────────────────────┐     │
 車載電池システム │  パワーユニット  ドライブトレーン │
外部電源  ┌──────────┐ │ ┌──────────┐ ┌──────────┐ │
 ⚡───│充電装置│電池│─┼─│電動機  │電動機│ │ギア   │差動装置│ │
     └──────────┘ │ │制御装置│    │ │ボックス│       │ │
          │      └─────────────────────┘     │
          └─────────────────────────────────┘
```

図中の名称は、日本工業規格（JIS D 0112 電気自動車用語）に定められた用語である。

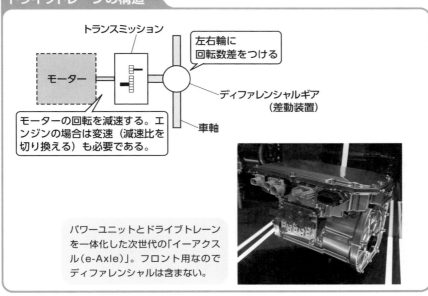

ドライブトレーンの構造

トランスミッション

モーター

左右輪に
回転数差をつける

ディファレンシャルギア
（差動装置）

車軸

モーターの回転を減速する。エンジンの場合は変速（減速比を切り換える）も必要である。

パワーユニットとドライブトレーンを一体化した次世代の「イーアクスル（e-Axle）」。フロント用なのでディファレンシャルは含まない。

置を指すのが「車載電池システム」です。現在の電気自動車（BEV）はリチウムイオンバッテリーを積み、専用の車載充電器を搭載しています。

電気自動車の構成要素❷
パワーユニット

走行用モーターとモーターの制御装置（インバーターやコントローラー）のことです。現在の電気自動車（BEV）は、交流電流を使うモーターがほとんどのため、直流を交流に変換させるインバーターは必須となります。減速時のエネルギーを回収する回生ブレーキを制御する装置も、ここに含まれます。

電気自動車の構成要素❸
ドライブトレーン

モーターの出力を車輪に伝達するためのものです。ギアボックス／減速機（またはトランスミッション）、車軸、ディファレンシャル（デフ：差動装置）から構成されます。基本的に電気自動車（BEV）はトランスミッションが不要とされますが、今後、採用するモデルの登場も予想されています。

パワーユニットとドライブトレーンをあわせて、「パワートレーン」と呼ばれますが、それらを一体化したものは「イーアクスル（e-Axle）」と呼ばれます。

4-2 運動エネルギーを回収して利用する回生

電気自動車（BEV）をはじめ電動車（xEV）の大きな長所が運動エネルギーを回収できることです。ここでは、回生とはどういうものなのかについて説明します。

運動エネルギーを捨てずに回収して電気として再利用するのが回生

回生は、電気自動車（BEV）や車輪がモーターに連結している電動車（xEV）の大きな特徴であり、メリットです。

走行するクルマは、運動エネルギーを持っています。その運動エネルギーをゼ

ロにしないと止まりません。そのため、エンジン車はブレーキを使います。ブレーキは、ブレーキパッドをローターに押しつけ、その摩擦力で制動力を生み出します。このとき、運動エネルギーは摩

回生のしくみ

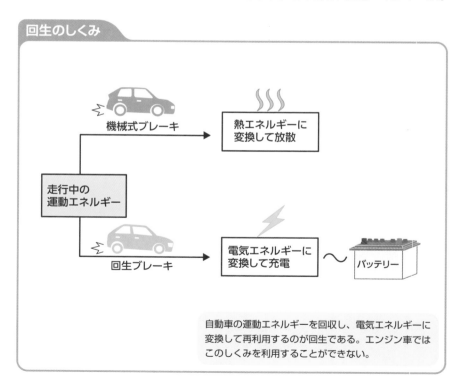

機械式ブレーキ → 熱エネルギーに変換して放散

走行中の運動エネルギー

回生ブレーキ → 電気エネルギーに変換して充電 ～ バッテリー

自動車の運動エネルギーを回収し、電気エネルギーに変換して再利用するのが回生である。エンジン車ではこのしくみを利用することができない。

物体が運動するときに持つエネルギーは、以下の式で求められます。

$$U = \frac{1}{2}mv^2 [\text{J}]$$

Uは運動エネルギー[J]、mは重量[kg]、v[m/s]は運動速度になります。

擦熱となって空気中に逃げてしまいます。**その運動エネルギーを逃さずに回収するのが回生**です。

　具体的には、タイヤと直結しているモーターを発電に使います。モーターは、外部の力で回転させると発電機になります。その特性を使って、発電すると止めようとする力が生じるので、それをブレーキの力に利用するのです。そうした使い方をすると、**発電により運動エネルギーが減っていくので、クルマを減速さ**せる**ことが可能**となります。これが回生ブレーキと呼ばれる機能です。

　回生で得たエネルギーはバッテリーに充電され、その電力を駆動に使うことができます。もし、走行抵抗や充電損失などがゼロであれば、加速に使ったエネルギーをすべて回収できることになります。もちろん損失はゼロになりませんが、それでも回生によって電動車(xEV)は、エンジン車よりもエネルギー効率が非常に高くなるのです。

回生でどれだけのエネルギーが回収できるのか?

時速75kmで走る重量1000kgのクルマから回収できるエネルギーを計算してみましょう。クルマの持つエネルギー(U)は、以下の式で求められます。

$$U = \frac{1}{2}mv^2 = \frac{1}{2} \times 10^3 \times (75000/3600)^2$$
$$= 217\text{kJ} = 217\text{kWs}$$

217kJの運動エネルギーを持ったクルマは、停止することでそのエネルギーをすべて捨て去ります。それをすべて回生できれば、理論上217kJのエネルギーが回収できるのです。これを電気量に変換すると、217kWsになります。これをkWhに変換すると0.06kWhになります。これは60wの照明を1時間点灯することに相当する電力量です。

$$\text{電力量} = 217 \times 1000/3600 = 0.06\text{kWh}$$

4-3 回生ブレーキのしくみと特徴

運動エネルギーを回収する回生をブレーキ代わりにするのが回生ブレーキです。その回生ブレーキの特性と利用方法、そして注意点を解説します。

ブレーキ力はバッテリーの状態次第でも変化する

回生は、クルマの走行するエネルギーでモーターを回して発電することです。本来、捨て去るはずだった運動エネルギーを回収し、それをブレーキとして使うのが回生ブレーキとなります。

ただし、回生によるブレーキ性能は、**バッテリーの状態によって変化**します。

基本的に回生で発電した電圧が、バッテリーの電圧より高くないと充電はできません。そのため、低速では充電できな

いこともあるのです。また、バッテリーが満充電になっていると、回生で発電してもバッテリーが電力を受け取れません。そうなると回生によるブレーキ力が使えなくなります。さらに、急停止のときに回路やバッテリーが許容できないほど電流が大きくならないような工夫も必要です。つまり、回生によるブレーキ力はいつもフルに使えるわけではありません。

回生ブレーキだけではブレーキ力が不

回生による充電のしくみ

電気エネルギーを運動エネルギーに変換

走行時 バッテリー 放電 → モーター 駆動 → 車輪

モーターが車輪を駆動する

運動エネルギーを電気エネルギーに変換

減速時 バッテリー ← 充電 発電機 ← 駆動 車輪

車輪が発電機を駆動する

クルマが走ろうとする力でモーターを回して発電する。

回生協調ブレーキ

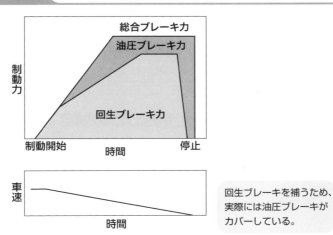

回生ブレーキを補うため、実際には油圧ブレーキがカバーしている。

足することがあるため、実際の電動車（xEV）では、摩擦を利用する従来の油圧ブレーキと回生ブレーキを併用します。これを「**回生協調ブレーキ**」と呼びます。

回生協調ブレーキでは、優先して回生ブレーキを使用し、電流などの制限により回生ブレーキの限界を超えた分を油圧ブレーキがカバーします。低速域で、回生による発電電圧が低いときは、油圧ブレーキを優先して使います。

回生ブレーキの効き目をドライバーが選ぶ

回生ブレーキは、電気自動車（BEV）だけでなく、ハイブリッド車（HEV）やプラグインハイブリッド車（PHEV）などの電動車（xEV）全般で使われます。そこで近年、増えているのが、回生ブレーキの効き目をドライバーが選ぶことができるという機能です。パドルシフトやシフトポジションで選択したり、非常に強い効き目をスイッチで選ぶことができるようになっています。非常に強い回生ブレーキは、アクセルペダルの操作だけで停止、もしくは停止ギリギリまで減速することができるため、通称「ワンペダル」という呼び名も使われています。

加速

減速

ワンペダル

61

4-4 電気自動車(BEV)の性能を表す指標

電気自動車(BEV)の性能を示す指標は、どのようなものがあるのでしょうか？
おもに以下に説明する6つの指標があります。

電気自動車(BEV)の性能は6つの項目で把握する

電気自動車(BEV)が、どれだけの性能を秘めているのかを理解するには、エンジン車とは違った指標が必要です。電気自動車(BEV)の主な指標は、以下の6つになります。このうち「一充電走行距離」と「交流充電電力量消費率」はカタログにも使用されています。

●BEVの性能を表す指標

1 一充電走行距離

2 交流充電電力量消費率

3 走行時電力量消費率

4 最高速度

5 加速性能

6 回生能力

電気自動車(BEV)の性能指標

一充電走行距離

走行時電力量消費率

最高速度

加速性能

交流充電電力量消費率

回生能力

BEV1
一充電走行距離「km」

　1回の充電で走行できる距離のことです。もちろん、走り方により異なるため、どのような走行モードで測定するかが重要です。世界的にWLTCモードが使われています。

BEV2
交流充電電力量消費率「Wh/km」

　単位走行距離あたりの電力の消費を示します。単位はWh/kmで、車載充電器を含めた電力消費率を表します。「電費」とも呼ばれます。数値が小さいほど性能がよいことを表します。

BEV3
走行時電力量消費率

　走行中の電力の消費率です。充電器の充電効率を除いた、走行と回生だけの効率を示します。

BEV4
最高速度

　電気自動車（BEV）は最高速度を維持できないことがあるため、30分持続可能な「30分最高速度」や1km持続の「実用最高速度」を使います。

BEV5
加速性能

　バッテリーの状態で性能が左右されるため、試験するときはバッテリーの充電状態を定めて行われます。

BEV6
回生能力

　電気自動車（BEV）ならではの機能である回生ブレーキですが、現在、その評価方法がなく、性能評価されていません。今後の課題のひとつです。

電気自動車の性能

「WLTCモード」とは

　WLTCモードは、「市街地モード」「郊外モード」、「高速道路モード」という3つの異なるモードで構成されています。これに、3つのモードの平均値となる数値を加え、合計4つの数値を示したものがWLTCモードとなります（219ページ参照）。

燃料消費率※1（国土交通省審査値）

WLTC モード ※2
20.4 km/L

市街地モード※2：15.2km/L
郊外モード※2：21.4km/L
高速道路モード※2：23.2km/L

※1　燃料消費率は定められた試験条件での値です。お客様の使用環境（気象、渋滞等）や運転方法（急発進、エアコン使用等）に応じて燃料消費率は異なります。
※2　WLTCモード：市街地、郊外、高速道路の各走行モードを平均的な使用時間配分で構成した国際的な走行モード。
　市街地モード：信号や渋滞等の影響を受ける比較的低速な走行を想定。
　郊外モード：信号や渋滞等の影響をあまり受けない走行を想定。
　高速道路モード：高速道路等での走行を想定。

4-5 プラグインハイブリッド車（PHEV）の性能の指標

プラグインハイブリッド車（PHEV）には、エンジン車や電気自動車（BEV）と異なる性能を示す指標も使われます。

モーター走行とハイブリッド走行を使い分けるプラグインハイブリッド車（PHEV）ならではの指標

プラグインハイブリッド車（PHEV）は、ハイブリッドでの走行と、バッテリーの電力を用いたBEV走行の両方を行います。

そのため、プラグインハイブリッド車（PHEV）は、ハイブリッドでの走行時と、BEV走行時のそれぞれの性能を示す指標が必要になります。さらには、どんなタイミングで、充電した電力だけの走行からハイブリッド走行に切り替わるのかも示す必要があります。

プラグインハイブリッド車（PHEV）の性能を示す指標は、**ハイブリッド車（HEV）や電気自動車（BEV）とは異なるものが使用**されています。

それは以下の6つ（PHEV1〜6）になります。

PHEV1
等価EVレンジ

外部充電の電力でモーター走行可能な距離です。

PHEV2
プラグインレンジ

外部充電でモーター走行し、完全に燃料走行に切り替わるまでの走行距離[CDレンジ]です。

PHEV3
交流電力消費率[km/kWh]

外部充電1kWhあたりの走行可能な距離 [CD電費]です。電気自動車（BEV）に使われる交流充電電力量消費率（Wh/km）とは逆に、数値が大きいほどよい性能となります。

PHEV4
プラグイン燃料消費率

CD走行時の燃料消費率[ＣＤ燃費]を表しています。

PHEV5
一充電消費電力量

1回の充電後、燃料走行に切り替わるまでの消費電力量です。

PHEV6
ハイブリッド燃料消費率

外部充電でのモーター走行後、完全に燃料走行に切り替わった後のハイブリッド走行時の燃料消費率[CS燃費]を表します。

以上の6つがプラグインハイブリッド車（PHEV）の性能を示す指標になります。

「CDレンジ」とは

プラグインハイブリッド車（PHEV）は、外部から充電された電力でモーター走行が可能です。しかし、走行状況により、充電した電力を使い果たす前にエンジンを始動して走ることもあります。

そこで、性能試験を行うときに、充電した電力を消費しながら走る領域をCD（Charge Depleting）レンジとし、エンジンで燃料を消費しながらハイブリッド走行を行うCS（Charge Sustaining）レンジと呼びます。

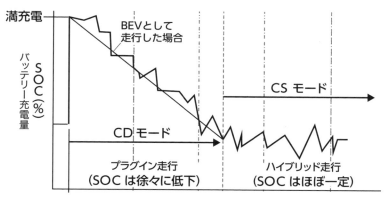

「SOC」とは、バッテリーの充電状況を示す「充電率（State of Charge）」のこと。満充電が100％で、完全に放電しきった状態が0％となる。

65

4-6 バッテリーと走行距離を試算

電気自動車（BEV）の走行距離は、バッテリーの性能に大きく左右されます。バッテリーの性能が変わると、どれだけ走行距離が変化するのかを計算してみます。

バッテリー性能の3つのパターンで走行距離を計算する

　電気自動車（BEV）の走行距離が、バッテリーの性能でどれだけ変化するのかを試算してみましょう。

　まず、基本となる電気自動車の仕様は、バッテリーを除く車両重量600kg、搭載バッテリー20kWh（バッテリー重量400kg）で、走行性能は40km/hで走行するときの出力が5kWとします。モーターの最高出力は10kWで最高速度は80km/hです。

基本仕様

- バッテリーを除く車両重量：600kg
- 搭載バッテリー：20kWh（エネルギー密度50Wh/kg）：400kg
- 総重量：600kg＋400kg＝1000kg
- 時速40km走行時のモーター出力：5kW
- 走行距離：20kWh÷5kW＝4時間、40km/h×4時間＝160km
- 最高速度：時速80km（5kWで40km/h走行の性能なので、最大出力が2倍なので、最高速度も2倍になる）

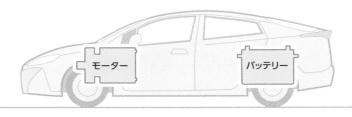

10kw-80km/h　　　　　　20kWh(400kg)

1000kg　　160km

バッテリー性能の3つのパターン

ケース1　バッテリー搭載量を2倍に

航続距離は、約1.4倍にとどまり
最高速度も低下

バッテリーが2倍になって40kWh、800kgになる。このときの車両総重量は1400kgで、車両重量が1.4倍になったので、時速40kmで走るのには、1.4倍の出力（7kW）が必要になる。40kWhを7kWで走れる時間（40÷7）は5.7時間で、時速40kmで5.7時間走るので、走行距離は228kmになる。時速40kmを走るのに7kW必要な条件で、モーターの最高出力10kWになって走れる速度は40×（10÷7）＝約57km/hとなる。バッテリーの増加分ほど性能は向上しない。

10kw-57km/h　　40kWh 800kg

| 1400kg | 228km |

ケース2　バッテリーのエネルギー密度を2倍に

航続距離と最高速度が1.25倍にアップ

20kWhのバッテリーの重量は400kgから200kgに半減し、車両総重量は600kg＋200kg＝800kgになる。この状態で時速40km走行に必要なモーター出力は、5×（800÷1000）＝4kWlに低下し、20kWh÷4kW＝5時間となる。時速40kmで5時間走れるので、走行距離は200kmになり、最高速度は（40km/h÷4kW）×10kW＝100km/hになる。バッテリーが軽くなると、より速く、より遠くまで走れるようになる。

10kw-100km/h　　40kWh(200kg)

| 800kg | 200km |

ケース3　バッテリーを2倍にしつつ、最高速度の時速80kmを維持

よりパワフルなモーターが必要になる

車両総重量は1400kgで、これで元と同じ最高速度80km/hを実現するには、元の10kWよりも1.4倍のパワーが必要になる。つまり、モーターの最高出力14kWが必要となる。このとき、モーターの重量増はわずかな数kgで済む。

14kw-80km/h　　40kWh 800kg

| 1400kg | 228km |

電気自動車(BEV)の
サウンド

人工的な走行サウンドを追加することで
運転がしやすく楽しくなる

電気自動車(BEV)のエンジン車に対する優位性のひとつに、エンジン音のないことが挙げられます。"静か"なことが電気自動車(BEV)の魅力です。

しかし、ハイブリッド車(HEV)や電気自動車(BEV)は逆に音がないため、歩行者などが接近に気づかない危険があります。そのため、「車両接近通報装置」で、チャイムのような音や電子音を発生させることがあります。また、これは義務化される方向のようです。

一方、最新の電気自動車(BEV)で、あえて車内に走行音を鳴らすケースが増えています。アクセルを踏み込むと、それにあわせてEVサウンドが車内オーディオから聞こえてきます。音は、メーカーや車種によってさまざまです。モーターやインバーターの音をベースに改良したものもあれば、宇宙船を思わせるような新しいサウンドもあります。特に欧州車が多いのですが、日本車でも日産やマツダの電気自動車(BEV)にも採用されています。

では、どうして音の出ない電気自動車(BEV)に、わざわざEVサウンドを追加するのでしょうか。それは「運転が物足りない」というのが理由です。また、EVサウンドによって、コーナーを曲がるときの速度を正確に維持できたというテスト結果もあります。アクセル操作に対して、クルマが音として反応することは、人とクルマが対話していることを意味します。

ただし、EVサウンドははじまったばかりです。ユーザーからの「うるさい」というクレームで、音量を小さくしたモデルもあります。その価値が広く認められたわけではありません。エンジン車に近づけるか、電気自動車(BEV)の特徴を活かすのか、その行方に注目です。

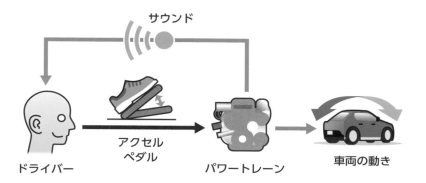

サウンド

ドライバー　　アクセル　パワートレーン　　車両の動き
　　　　　　　ペダル

ドライバーのアクセル操作に合わせて、パワートレーンがの出力変化に合わせたEVサウンドをドライバーにフィードバックする。これにより、ドライバーがクルマの動きをよりつかみやすくなる。

Audi e-tron GT
Innensound
Interior sound
09/20

Steuermodul Innensound
Interior sound control unit

Innenlautsprecher
Interior loudspeaker

Innenlautsprecher
Interior loudspeaker

Antriebssteuergerät
Drive control unit

アウディでは、高性能スポーツBEVである「e-tron GT」に人工的な「e-tronスポーツサウンド」をオプションで用意している。

第 5 章

電動車（xEV）の
しくみ

Mechanisms of electric vehicles（xEV）

ハイブリッド車（HEV）などの電動車（xEV）は、どのようなしくみで走っているのでしょうか？　また、電動車（xEV）はひとつではなく、いろいろな種類が存在しています。それらのメカニズム的な特徴、そしてエンジン車や電気自動車（BEV）との違いなどを解説します。

5-1 ハイブリッド車(HEV)の種類

ハイブリッド車(HEV)は、エンジンとモーターという2つの動力源を組み合わせています。その動力の使い方により3つに分類することができます。

どの動力で駆動するかで3つのタイプに分類される

ハイブリッド車(HEV)は、エンジンとモーターの2つの動力を持つクルマです。その動力を、どのように接続させるかによって、「シリーズハイブリッド」、「パラレルハイブリッド」、「シリーズ・パラレルハイブリッド」の3つに分類されます。それぞれの違いについて解説していきます。

HEV1
シリーズハイブリッド

エンジンで発電し、その発電した電力を使ってモーター駆動します。エンジンは発電だけで、車軸はエンジンと機械的につながっていません。エンジンが発電した電力のみ、バッテリーの電力のみ、

3つのハイブリッド車(HEV)の方式

シリーズ ハイブリッド	パラレル ハイブリッド	シリーズ・パラレル ハイブリッド

シリーズハイブリッド
- モーター
- バッテリー
- 発電機
- エンジン
- 燃料タンク

パラレルハイブリッド
- エンジン
- モーター
- 燃料タンク
- バッテリー

シリーズ・パラレルハイブリッド
- 動力分割装置
- エンジン
- モーター
- 発電機
- 燃料タンク
- バッテリー

トヨタの「プリウス」。シリーズ・パラレルハイブリッドの代表格となるのがトヨタの「プリウス」に搭載されるTHSⅡ方式

エンジンの発電とバッテリーをあわせた電力の３つを使い分けて走行します。

HEV2
パラレルハイブリッド

　車軸にエンジンとモーターいずれも接続し、エンジンの力、もしくはモーターの力のどちらか、または両方によって走行することができます。走行状況にあわせて、エンジンとモーターの駆動配分を変化することが可能です。

HEV3
シリーズ・パラレルハイブリッド

　シリーズ式、パラレル式の両方の機能を備える方式です。駆動用のモーターだけでなく、発電機（発電用のモーター）も備えるため2モーター式と呼ばれることもあります。72ページに示すようにシリーズとパラレルの切り替えに動力分割装置を使うものを、スプリット方式と呼ぶこともあります。

日産の「ノート」。シリーズハイブリッドの代表格となるのが日産の「ノート」などに採用されるe-POWER

5-2 ストロングとマイルド、そしてマイクロ

ハイブリッド車（HEV）の分類として出力を元にしたものもあります。それがストロングハイブリッドとマイルドハイブリッド、そしてマイクロハイブリッドの3つです。

モーターの出力の大きさでハイブリッドは3つに分類される

ハイブリッド車（HEV）を、しくみではなく、モーターの出力の大きさで分類することもあります。ここでは3つに分類します。モーター出力により使われる技術や材料が変わってきます。

出力による分類1
ストロングハイブリッド

エンジンの出力とモーターの出力が、ほぼ等しいものを指します。エンジンが停止していても、モーターだけで走行で

きるクルマです。シリーズハイブリッドは、すべてストロングハイブリッドとなります。

出力による分類2
マイルドハイブリッド

エンジンの出力に対して、モーター出力が20〜30%のもののことです。エンジンを使わないモーターだけでの走行は限定的となります。パラレルハイブリッドに多い方式です。

ハイブリッド車（HEV）の動力分担

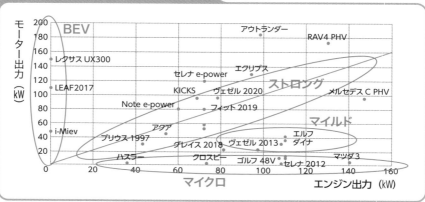

出力による分類3
マイクロハイブリッド

　エンジン出力にかかわらず、10kW
以下の低出力のモーターを使っています。
モーターのみの走行は不能で、モーター
はエンジンのアシスト役と減速エネル
ギーの回収となる回生ブレーキに使用さ
れます。エンジン始動用のスターター
モーターとオルタネーター（発電機）を一
体化させた**ISG（Integrated Starter
Generator）方式**や、欧州車中心に採用
されている**48V方式**などが該当します。
ISGは走行中に発電機として使用されま
す。

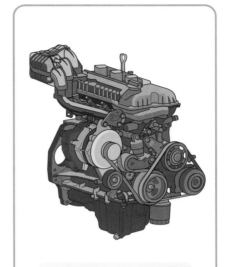

ベルト駆動のISG。ISGは通常の
オルタネーターより大きな電力を
使うことができる。

48Vマイクロハイブリッドのしくみ

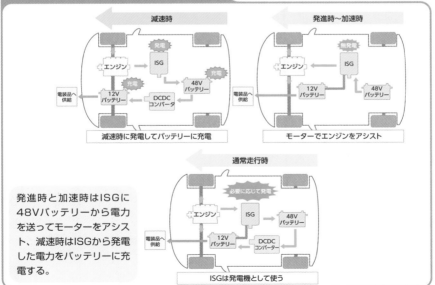

減速時

発電　ISG　充電　48V
バッテリー　充電　DCDC
コンバータ　エンジン　電装品へ供給　12V
バッテリー

減速時に発電してバッテリーに充電

発進時〜加速時

無発電　ISG　エンジン　12V
バッテリー　48V
バッテリー　電装品へ供給

モーターでエンジンをアシスト

　発進時と加速時はISGに
48Vバッテリーから電力
を送ってモーターをアシス
ト、減速時はISGから発電
した電力をバッテリーに充
電する。

通常走行時

必要に応じて発電　ISG　48V
バッテリー　エンジン　12V
バッテリー　DCDC
コンバーター　電装品へ供給

ISGは発電機として使う

75

5-3 シリーズハイブリッドの しくみ

 エンジンで発電し、モーターで駆動するのがシリーズハイブリッドです。そのしくみと特徴、そして上手に活用する方法を解説します。

エンジン、発電機、モーターが直列に接続され、走行性能はモーターで決まる

シリーズハイブリッドは、エンジン、発電機、モーターが直列に接続されています。エンジンは発電に、モーターは走行に徹しており、エンジンと車軸は接続されません。そのため、走行性能は基本的にモーターの性能で定まります。

可能な走行モードは、次の5パターンです。

1. エンジン停止で、バッテリーだけで走行する
2. 発電出力だけで走行する
3. 発電出力をバッテリーの充電と走行の両方に使用する
4. 発電出力とバッテリー出力をあわせて走行する
5. 回生によりバッテリー充電する

シリーズハイブリッドの構成

電気で接続

エンジン — 発電機 — インバーター — バッテリー / モーター — トランスミッション — 車軸

シリーズハイブリッドの場合、エンジンによる発電とバッテリー出力の配分をどうするかは2つの考えがあります。

1つは、走行負荷に関係なく、エンジンはもっとも効率のよい状態で発電を行い、走行負荷の変動はバッテリーに任せるというものです。バッテリーは大きくなりますが、燃費は良好になります。

もう1つは、走行負荷にあわせてエンジン出力を調整する方法です。バッテリーの役割が減るため、バッテリーを小さくすることが可能となります。減速時の回生を行わなければ、バッテリーなしでもシステムが成立します。システムを小さく、低コストに構築することが可能です。もちろん燃費という点では、先のエンジン効率優先で発電という方法には劣ります。

5パターンの走行モードと電気の流れ

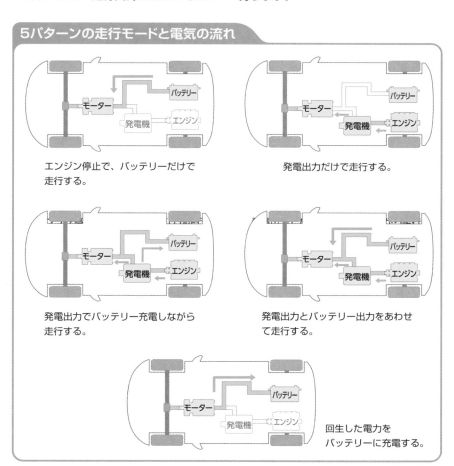

エンジン停止で、バッテリーだけで走行する。

発電出力だけで走行する。

発電出力でバッテリー充電しながら走行する。

発電出力とバッテリー出力をあわせて走行する。

回生した電力をバッテリーに充電する。

5-4 パラレルハイブリッドのしくみ

車軸にエンジンとモーターという2つの動力源がつながるのがパラレルハイブリッドです。そのしくみとどんな種類があるのかを解説します。

エンジンを主体にモーターがアシスト。メーカーごとに機構が異なる

パラレルハイブリッドは、**エンジンとモーターが直接つながっているのが特徴**です。また、「1モーター方式」と呼ばれることもあります。

ホンダ初の本格ハイブリッドとなった1999年発売の「インサイト」は、IMAと呼ばれるシステムで、エンジンとモーターが同じ軸に取り付けられていました。

ただし、後にホンダは、**DCT（デュアルクラッチトランスミッション）内にモーターを一体化した方式**も採用しています。

そのほか、日産やスバルでは、クラッチを使ってエンジンを切り離す方式も採用しています。そのため、モーター走行のときにエンジンを空回りさせる必要がないので、モーター出力を有効に使うこ

パラレルハイブリッドの構成

同じ軸に接続

エンジン — 発電機/モーター — トランスミッション

インバーター

バッテリー

車軸

IMA

ホンダ「インサイト」

とができます。

パラレルハイブリッドの特徴はISG方式のマイクロハイブリッドと異なり、**モーターだけで走行できること**です。電池の充電量が多く、低速で平地などの限定された条件ではエンジンを停止してモーターだけでも走行できます。

パラレルハイブリッドは出力の小さいモーターを使い、モーター走行より、モーターを加速のアシストやブレーキ時の回生に使うことを目的としています。**エンジン走行主体で、モーターを使って燃費を上げるのがパラレルハイブリッドの特徴**です。

クラッチ方式

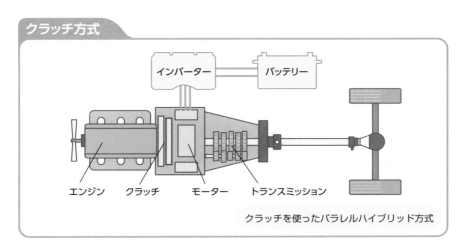

インバーター　バッテリー

エンジン　クラッチ　モーター　トランスミッション

クラッチを使ったパラレルハイブリッド方式

シリーズ・パラレルハイブリッドのしくみ

シリーズとパラレルという2つの方式の両方を持つのがシリーズ・パラレルハイブリッドです。2つを使い分けるしくみが複数存在しています。

2つの方式を上手に使い分けるシリーズ・パラレルハイブリッド

シリーズ・パラレルハイブリッドは、シリーズとパラレルという2つの方式の両方を使えるのが特徴です。その実現のためのしくみは、自動車メーカーごとに、いくつかのものが存在しています。

トヨタの採用する代表的なシリーズ・パラレルハイブリッドは、THSⅡ（トヨタ・ハイブリッド・システムⅡ）と呼ばれるもので、世界初の本格量産車「プリウス」をはじめ、多くの車種に採用され

ています。

THSⅡは、エンジン、モーター、発電機という3つを遊星ギヤからなる動力分割機構（トルクスプリット装置）で使い分けることができます。エンジンだけ、モーターだけ、エンジンとモーターの両方、エンジンで発電してモーター駆動するなど、多彩な走行モードを実現します。シリーズとパラレルを常時、切り替えながら走行します。

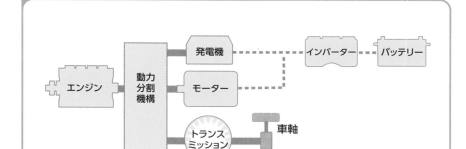

シリーズ・パラレル方式（スプリット方式）

エンジンやモーターの出力を車軸や発電機に分割する。

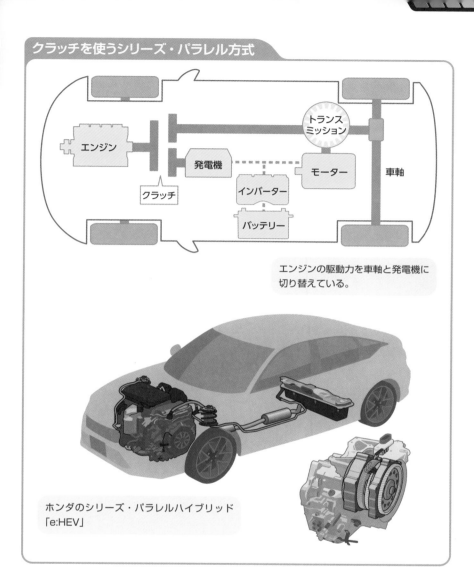

クラッチを使うシリーズ・パラレル方式

エンジン

トランスミッション

発電機

モーター

車軸

クラッチ

インバーター

バッテリー

エンジンの駆動力を車軸と発電機に切り替えている。

ホンダのシリーズ・パラレルハイブリッド「e:HEV」

　ホンダや三菱自動車などが採用するシリーズ・パラレルハイブリッドは、クラッチを使っており、ホンダは「e:HEV」と呼んでいます。低速域から中速域など、走行の大部分をシリーズハイブリッドで走行し、エンジンの効率のよい高速走行時はクラッチを使ってエンジンを接続します。クラッチ接続時はパラレル方式になります。走行状況によってシリーズとパラレルを使い分ける方式です。

5-6 プラグインハイブリッド（PHEV）のしくみ

通常は電気自動車（BEV）として使い、遠くまで出かけるときはハイブリッド車（HEV）となるのがプラグインハイブリッド（PHEV）です。

充電できるのがポイントで長距離走行が可能

電気自動車（BEV）を利用したいけれど、たまに遠くまで出かけるときに走行距離が足りなくなる——、そんな不便さを解決しようと誕生したのが**プラグインハイブリッド車（PHEV：Plug-in Hybrid Electric Vehicle)**です。停車中にバッテリーへ充電して、通常は電気自動車（BEV）としてモーター走行します。**いざというときはエンジンを使うハイブリッド車（HEV）となることで、長い走行距離を実現**します。

世界各地の乗用車の1日あたりの平均走行距離を調べたデータがあります。それを見ると、半数以上のユーザーの走行距離は50km足らずです。そこで、「ハイブリッド車（HEV）のバッテリーに、あらかじめ外部から充電しておけば、日常はモーター走行主体でカバーできる」というアイデアから誕生しました。一般的なハイブリッド車（HEV）よりも大容量のバッテリーを搭載し、車載充電器を備えています。

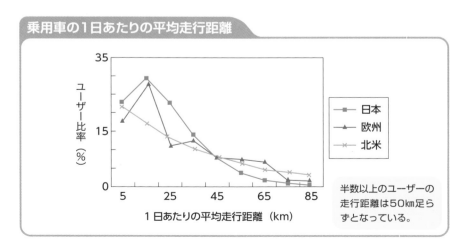

乗用車の1日あたりの平均走行距離

半数以上のユーザーの走行距離は50km足らずとなっている。

日本国内のベストセラーPHEVとなるのが三菱「アウトランダーPHEV」

一方、電気自動車（BEV）に発電用のエンジンを搭載する**レンジエクステンダーという方式**も存在します。これは電気自動車（BEV）のオプションという方式となります。最初からエンジンの発電機を積む予定であれば、バッテリーを小さくすることも可能となります。レンジエクステンダーは、電気自動車（BEV）側からハイブリッド車（HEV）に近づく存在といえるでしょう。

プラグインハイブリッド用の最適なバッテリーとは

ハイブリッド車（HEV）と電気自動車（BEV）に用いるバッテリーは、それぞれ最適な特性があります。ハイブリッド車（HEV）は、大きな電力を出し入れしやすい出力密度の高いバッテリー、電気自動車（BEV）は、サイズに対してより大きな電力を蓄えられる、エネルギー密度の高いバッテリーです。

ところが、プラグインハイブリッド車（PHEV）は、ハイブリッド車（HEV）と電気自動車（BEV）の両方の走行モードがあるため、バッテリーにも両方の特性が求められます。

そのため、プラグインハイブリッド車（PHEV）のバッテリーには、高い出力密度とエネルギー密度の両立という高い性能が求められます。

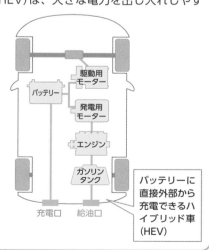

駆動用モーター

バッテリー

発電用モーター

エンジン

ガソリンタンク

充電口　給油口

バッテリーに直接外部から充電できるハイブリッド車（HEV）

燃料を電気エネルギーに変換するのが燃料電池（Fuel Cell）です。それを搭載したのが燃料電池車（FCEV）となります。

水素燃料から電気を生み出す燃料電池車（FCEV）

燃料電池車（FCEV：Fuel Cell Electric Vehicle）は、**燃料電池（Fuel Cell）で生み出した電気エネルギーでモーター走行する電動車（xEV）のこと**です。燃料電池は電池と呼びますが、正確には水素などの燃料から電気エネルギーを生み出す発電装置となります。

燃料電池の原理は、水の電気分解を逆にしたものと考えればいいでしょう。つまり、水素と酸素から水と電子を生み出すわけです。水素燃料は、水素そのものだけでなく、メタノールや炭化水素（ガソリンなど）から水素を分離して利用することも考えられています。

燃料電池の原理

電流が発生する

水素 負極 正極 酸素

H H H H 水が発生 H_2O H_2O

$$H_2 + O_2 \longrightarrow H_2O + e^-$$
燃料電池

電流を流す

水素が発生 負極 正極 酸素が発生

H H H H 水を供給 O O H_2O H_2O

$$H_2O + e^- \longrightarrow H_2 + O_2$$
水の電気分解

発電部の置き換え

```
燃料電池

エンジン → 発電機     バッテリー    インバーター    モーター

                     バッテリー    インバーター    モーター
```

ハイブリッド車（HEV）からの置き換え

　日本ではトヨタとホンダから2002年に燃料電池車（FCEV）の市販車が登場し、2015年にトヨタから量産車の「MIRAI」が発売されています。車両の構成としてはハイブリッド車（HEV）のエンジンと発電機を燃料電池に置き換えます。そのため、燃料となる水素を蓄えるために高圧水素タンクも搭載されています。

　燃料電池車（FCEV）の普及には、**燃料となる水素を提供する水素ステーションの存在が欠かせません**。その場合、水素をどこで製造するのかも重要なポイントになります。工場で水素を作って運ぶのか、ステーションでメタノールを改質する、ステーションにおいて太陽光発電で水を電気分解するなどの方法が考えられています。

燃料電池車

トヨタ「MIRAI」。燃料電池と水素を蓄えるための高圧水素タンクを搭載している。

第 6 章

駆動用のバッテリー

Rechargeable batteries for drive

電気自動車（BEV）を含む電動車（xEV）の性能を左右する重要な存在が、駆動用のバッテリーです。どのような種類があり、そして、それぞれどのような特徴を有しているのかを解説し、過去から現在、そして未来のバッテリーを紹介します。

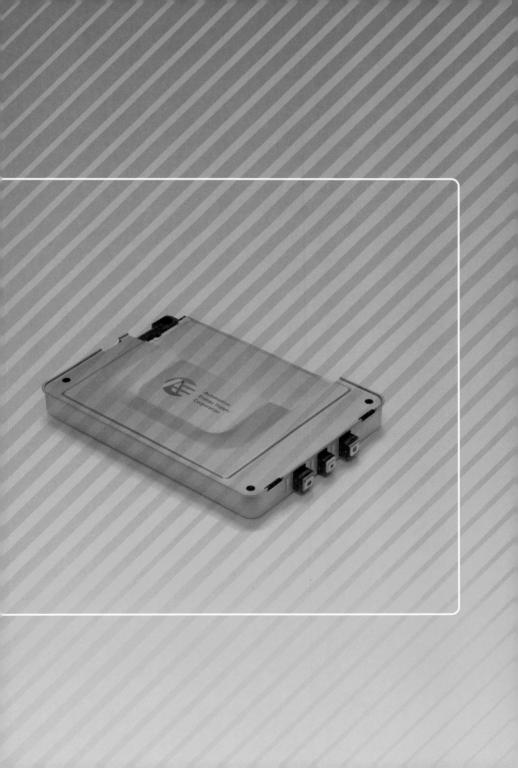

6-1 バッテリーとは何者か

電気自動車（BEV）にとって最重要部品のひとつがバッテリーです。ここでは、バッテリーとはどのようなものなのかを説明します。

エネルギーを電気に変換するバッテリー。
自動車用の二次電池は鉛電池が主流

バッテリー（電池）は、各種エネルギーを電気エネルギーに変換するものを指します。

その多くは、化学反応を利用して電気エネルギーを生み出します。これを「**化学バッテリー**」と呼び、乾電池や蓄電池、燃料電池などが該当します。一方、物理現象によってエネルギー変換を行うものもあり、こちらは**物理バッテリー**と呼びます。太陽電池や原子力を使うアイソトープ電池などが存在します。

また、化学バッテリーの中でも放電だけのものを**一次電池**、充電・放電の両方

豊田自動織機が生産する最新のバイポーラ型ニッケル水素バッテリー

バッテリーの分類

分類	名称	機能	具体例
化学バッテリー ＊化学反応を利用する	一次電池（乾電池）	放電のみが可能	アルカリバッテリー、マンガンバッテリーなど
	二次電池（蓄電池）	充電・放電が可能	鉛電池、リチウムイオンバッテリーなど
	燃料電池	燃焼により発電	SOFC（固体酸化物燃料電池）、PAFC（リン酸燃料電池）
	生物電池	生物活動により発電	バクテリアバッテリー、光合成電池
物理バッテリー ＊光や熱の物理変化を利用する	太陽電池	光で発電	結晶型太陽電池、アモルファス太陽電池
	熱電池	熱で発電	熱電素子
	原子力電池	原子核崩壊で発電	アイソトープバッテリー

ができるものを**二次電池（蓄電池）**と呼びます。具体的には、一次電池は乾電池やボタン電池となり、二次電池が鉛電池、ニッケル水素バッテリー、リチウムイオンバッテリーが該当します。

　現在、量産されている自動車のすべてに、二次電池の鉛電池が搭載されています。

　また、電動車（xEV）には、鉛電池に加えて、高電圧で容量の大きなニッケル水素バッテリーやリチウムイオンバッテリーが搭載されています。

　そうした二次電池は走行するためのエネルギー源になるだけでなく、減速時のエネルギー回生にもなくてはならないものです。バッテリーは電動車（xEV）にとっては、最も重要な部品のひとつといえます。

バッテリーの歴史

現代に続く一般的な電池の歴史は、1800年にボルタ（Alessandro Volta）が発明したボルタ電池にはじまります。このボルタ電池は、亜鉛板と銅板を硫酸に浸したものでした。この電池の発明により、19世紀に数多くの発明が生み出されます。モーターの発明のそのひとつです。

その後、充電可能な鉛電池が発明され、1899年にはニッケルカドミウムバッテリーが登場します。そして、1990年にニッケル水素バッテリー、1991年にリチウムイオンバッテリーが相次いで量産化されるようになりました。

年	事柄
1780年	ガルバーニがカエルの足から電池の原理を発見
1800年	ボルタが電池を発明
1859年	プランテが鉛電池を発明
1899年	ユングナーがニッケル・カドミウムバッテリーを発明。
1900年	エジソンがニッケル鉄バッテリーを発明
1964年	ニッケル・カドミウムバッテリーの生産開始
1990年	ニッケル水素バッテリーの生産開始
1991年	リチウムイオンバッテリーの生産開始

6-2 バッテリーの性能を示す指標

バッテリーには、その性能を示す指標が存在します。容量をはじめ、バッテリーを理解するために覚えておくべき指標を解説します。

容量・充電・劣化状態の指標でバッテリーの性能を判断する

バッテリーの性能を示す指標で重要とされるのが、そのバッテリーがどれだけのエネルギーを貯蔵できるかという性能、つまり**容量**です。

通常の鉛電池の場合、電圧が12Vもしくは24Vに決まっているため、容量を示すのに「Ah（アンペア・アワー）」の単位が使われています。60Ahであれば60Aの放電を1時間継続できることを意味します。

ただし、電気自動車（BEV）のバッテリーは、電圧がクルマによって異なるため、容量を示すために「**Wh（ワット・アワー）**」、もしくはその1000倍の単位

バッテリーの性能を示す指標

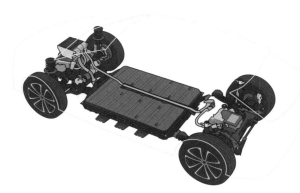

名称	単位	内容
エネルギー容量	Wh（kWh）、Ah	蓄えられるエネルギーの総量
エネルギー密度	Wh/kg	1kgあたりの蓄えられるエネルギー容量
出力密度	W/kg	1kgあたりの瞬時に出力できる電力の大きさ

「kWh(キロ・ワット・アワー)」が使われています。

重量に対する容量を示すのがエネルギー密度で「Wh/kg」と表します。1kgあたりに蓄電可能なエネルギーを示します。同様に、重量あたりの瞬時の入出力可能な電力を示すのが出力密度「W/kg」です。瞬時の電力の大小は加速や回生の性能に大きく影響します。

バッテリーの充電状態を示すのが「**充電率(SOC：State of Charge)**」です。満充電を100%、完全に放電しきった状態を0%として、バッテリーに残る充電量を比率(%)で示します。

最後に、バッテリーの寿命にかかわるのが劣化状態を示す「**SOH(State of Health)**」です。初期と現状の充電可能な容量の比率として%で表されます。

バッテリーの状態を示す指標

名称	単位	内容
充電率	SOC(%)	満充電に対する現状の充電の割合
劣化率	SOH(%)	満充電できる容量を新品と比べた割合

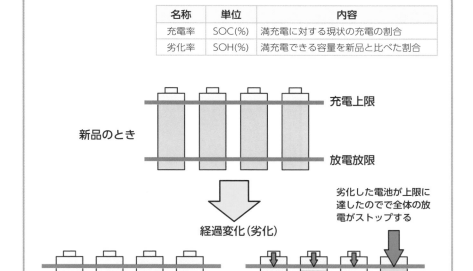

新品のとき

充電上限

放電放限

経過変化(劣化)

劣化した電池が下限に達したので全体の放電がストップする

劣化した電池が上限に達したのでで全体の放電がストップする

6-3 鉛電池

自動車用バッテリーとして広く普及しているのが鉛電池です。そのしくみと特徴はどのようなものなのかを解説します。

安価で出力密度が高く自己放電も少ない

エンジン車を筆頭に街を走るほとんどのクルマに電装品用として搭載されているのが鉛電池です。

その構成は、「**電解質：希硫酸**」、「**負極：金属鉛**」、「**正極：二酸化鉛**」、「**セパレーター**」からなっています。

鉛電池

鉛電池の構造

プラス（正極）　液口栓　直列接続　電槽　マイナス（負極）

二酸化鉛 PbO_2

希硫酸 H_2SO_4

鉛 Pb

ガラスマット

隔離板

開放型

液口栓あり

密閉型

液口栓なし

端子

放電により希硫酸が水になり、充電で希硫酸を作り出すという化学反応が発生しています。鉛電池の1セルあたりの理論電圧は2.1Vで、通常は複数のセルを直列配置して、ひとつのバッテリーユニットとします。自動車の電装品用としては、12V、もしくは24Vが一般的となっています。

鉛電池のエネルギー密度は、一般に30～40Wh/kgと低いため、電気自動車（BEV）には不向きです。

一方、出力密度は約180W/kgと高いため、アイドリングストップ車やマイクロハイブリッド車に使われることもあります。

鉛電池の原料となる鉛は、**安価で資源量も多く、しかもリサイクルシステムも成立しています。**また、**自己放電が少ないのも利点**です。自己放電とは、充電した後に放置しておくと、放電して蓄積エネルギーが減ってしまうことです。

デメリットもありますが、低価格であるという大きなメリットもあるため、電装品向けだけでなく、新興国などでは、電動バイクに鉛電池が使われることもあります。

鉛電池の原理と化学式

$$Pb + PbO_2 + 2H_2SO_4$$

 充電　 放電

$$2PbSO_4 + 2H_2O$$

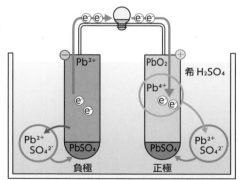

鉛電池のメリットとデメリット

長所	短所
低コスト	エネルギー密度が低い
リサイクル性が高い	重量が重く、かさばる
出力密度が高い	充電が遅い
自己放電が少ない	

充電によって電解質である硫酸の濃度が増加してエネルギーを蓄積する。放電すると硫酸濃度が低下して水分が増加する。

6-4 ニッケル水素バッテリー

鉛電池に変わって登場したニッケル水素バッテリーは、ハイブリッド車（HEV）を中心に普及が進んでいる二次電池です。

性能と安全性のバランスに優れる二次電池

鉛電池に代わる二次電池として1990年代に実用化されたのがニッケル水素バッテリーです。

その構成は、**正極にニッケル酸化物、負極に水素吸蔵合金、電解質にアルカリ水溶液**というものです。

家庭用の二次電池としても大人気のニッケル水素バッテリー

ニッケル水素バッテリーの化学式

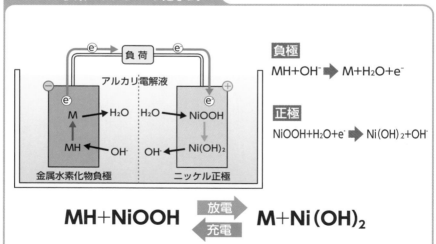

負極

$$MH + OH^- \Rightarrow M + H_2O + e^-$$

正極

$$NiOOH + H_2O + e^- \Rightarrow Ni(OH)_2 + OH^-$$

$$MH + NiOOH \underset{充電}{\overset{放電}{\rightleftarrows}} M + Ni(OH)_2$$

充電によって水素吸蔵合金が水素を吸収し、放電すると水素が放出される。充放電により電解質が変化しないので電解質の劣化がない。

かつて、同様にニッケルを使ったニッケルカドミウムバッテリー（ニッカド電池）が存在しましたが、負極のカドミウムに毒性があるため現在では使われなくなりました。

そして、負極にカドミウムの代わりに水素吸蔵合金を使ったのがニッケル水素バッテリーとなります。環境面が改善されただけでなく、**エネルギー密度も高まっています**。ニッケル水素バッテリーは、充電すると正極のニッケル酸化物から水素が放出されます。その水素は負極の水素吸蔵合金と化合して、金属水素化物に変化し、水素が吸蔵されます。充電により水素は正極から負極に移動します。放電時は、逆に水素が負極から正極に移動しますが、これらの充放電のときに電解質の濃度が変化しません。**電解質が劣化しにくいというのが特徴**です。

一方、水素吸蔵合金が水素の吸収放出で膨張収縮するため、劣化が避けられない問題があります。性能、安全性の機械的なバランスがよいため、トヨタ車のハイブリッド車（HEV）を中心に広く普及しています。近年、高性能化されたバイポーラ型も使われるようになっています。

ハイポーラのしくみ

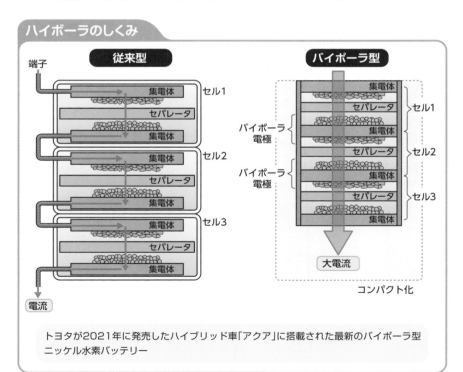

トヨタが2021年に発売したハイブリッド車「アクア」に搭載された最新のバイポーラ型ニッケル水素バッテリー

6-5 リチウムイオンバッテリーの原理

現在、電気自動車（BEV）の多くに使われているのがリチウムイオンバッテリーです。その原理や構造はどのようになっているのかを解説します。

リチウムイオンを利用するバッテリー。高出力で軽量、高容量という美点がある

リチウムは元素の中で、もっとも低い電極電位(-3.04V)という特性があるため、電池に使うと小型軽量で起電力の高い電池ができます。ただし、金属リチウムは水と激しく反応するため、取り扱いが非常に難しい物質です。そこで**リチウムイオンを利用して生まれた**のが、リチウムイオンバッテリーです。

正極にリチウムを含む材料、負極にカーボン系材料、電解質にリチウムイオンを含む非水溶液、電極間を断絶しつつリチウムイオンだけを通過させるセパレーターが配置されています。

リチウムイオンバッテリーは、充電に

リチウムイオンバッテリーの原理

充電により正極中のリチウムがイオンとなって電解質を移動し、負極のカーボンに吸収される。

電流

（－）負極
カーボン等

（＋）正極
コバルト酸リチウム等

リチウムイオン

非水溶液の電解液

セパレーター

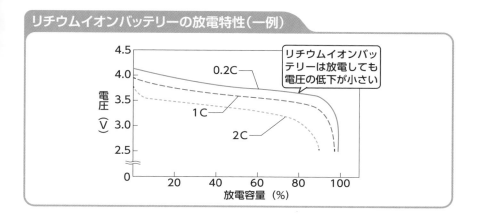

リチウムイオンバッテリーの放電特性（一例）

リチウムイオンバッテリーは放電しても電圧の低下が小さい

0.2C
1C
2C

電圧（V）

放電容量（%）

より正極のリチウムがイオンとなって電解質の中を移動し、負極のカーボンに吸収されます。逆に放電時には、負極のカーボンから正極のリチウムにイオンが移動します。電解質は、イオンの運搬に使われるだけで、電池の反応には直接に関係しません。

また、内蔵するエネルギーが大きいため、安全性確保、および劣化防止のため

に、電池モジュール内にセルごとの充放電を監視・制御するコントローラーが設置されています。

リチウムイオンバッテリーは、動作電圧が3.6V程度と高く、しかも軽量という特徴があります。そのため、**大量のバッテリーを搭載する電気自動車（BEV）に最適なバッテリー**として、広く利用されています。

セルの構造

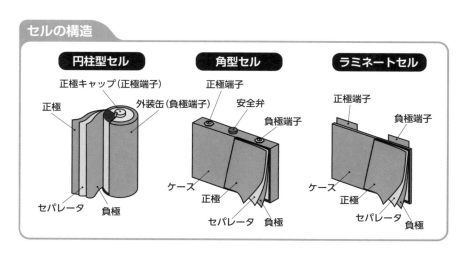

円柱型セル

正極キャップ（正極端子）
正極
外装缶（負極端子）
セパレータ
負極

角型セル

正極端子
安全弁
負極端子
ケース
正極
セパレータ
負極

ラミネートセル

正極端子
負極端子
ケース
正極
セパレータ
負極

6-6 千差万別なリチウムイオンバッテリー

リチウムイオンバッテリーはリチウムを含んだ物質を使いますが、実際にはさまざまな材料を利用します。どのような電池があるのかを紹介します。

さまざまな材料を利用しているリチウムイオンバッテリー

数多くの電気自動車（BEV）に採用されるリチウムオンバッテリーですが、そこで使われる材料は、じつのところ多岐にわたっています。

正極にはリチウムを含んだ金属酸化物が用いられます。主な材料としては、コバルト系（$LiCoO_2$：コバルト酸リチウム）、マンガン系（$LiMn_2O_4$：マンガン酸リチウム）、ニッケル系（$LiNiO_2$）、リン酸鉄系（$LiFePO_4$：リン酸鉄リチウ

リチウムイオンバッテリーの種類

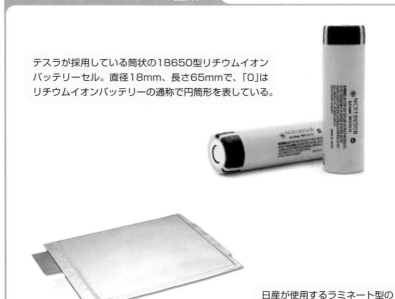

テスラが採用している筒状の18650型リチウムイオンバッテリーセル。直径18mm、長さ65mmで、「0」はリチウムイオンバッテリーの通称で円筒形を表している。

日産が使用するラミネート型のリチウムイオンバッテリーセル

ム）などが存在します。それぞれ、リチウムコバルトバッテリー、リチウムマンガンバッテリーなどと呼ばれています。

負極材はカーボン系材料が使われます。主にグラファイト（黒鉛）ですが、グラファイトに代わってカーボンナノチューブも利用されています。

電解質には水を使わず、リチウム塩を溶解させた有機溶媒が使われています。電解質にゲル状の固体ポリマーを用いたものは、リチウムポリマーバッテリーと呼ばれています。

セパレーターはポリエチレンやポリプロピレンの微多孔質膜が使われています。たとえば、厚さ5〜25μmのポリオレフィンフィルムに0.1μm以下の穴のあるフィルムがセパレーターになっています。

また、セルは筒状だけでなく平面のラミネート型もあります。これらをまとめたものはバッテリーパックと呼ばれています。

セル、モジュール、パックのバッテリー

リチウムイオンバッテリーは、数あるバッテリーの中でも電圧が高いのが特徴です。とはいえ、それでも平均で3.6Vしかありません。
一方、電気自動車（BEV）のモーターは数100Vを使うのが当たり前になっています。バッテリーを数多く直列につないで使用します。そのときに単体のバッテリーを「セル」、組み合わせたものを「モジュール」、それらをまとめたものを「パック」と呼んでいます。

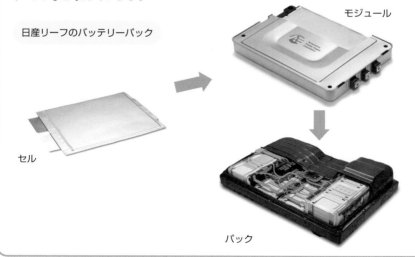

日産リーフのバッテリーパック

モジュール

セル

パック

99

6-7 バッテリーの放電電流の大きさを示すCレート

バッテリーの特性を比較するための指標のひとつがCレートです。電池容量に対する充放電電流の大きさを示すものです。

容量の異なるバッテリーを比較するときにCレートを使って条件を揃える

バッテリーの充放電電流の大きさを示すものとして、**Cレート**が使われます。Cレートとは電池容量に対する電流の比率のことで、単位は「**C（シー）**」となります。放電レート、充電レートとも呼ばれます。Cレートが「1C」の放電とは、バッテリーを一定の電流で放電して、ちょうど1時間で、放電が終わる電流の

値を示します。

このCレートを使えば、バッテリーの容量が異なっていても、放電の条件を同じに考えることができるのです。バッテリーの容量がC [Ah] と表されたときnC放電とは放電電流がnC [A]であることを示します。このときの放電可能な時間は**C/n[h]**です。たとえば、定格容量が

Cレートの充放電時間

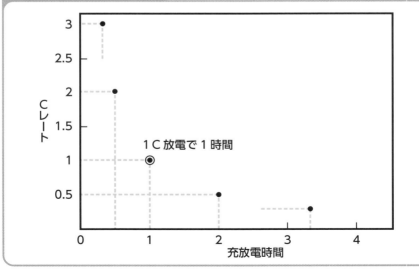

1C放電で1時間

60 Ahのバッテリーの１C放電は60Aであり、１時間の放電が可能になります。1/3C放電であれば、20Aになって３時間の放電が可能となります。なお、充電でも同じようにCレートが指標として使われます。

リチウムイオンバッテリーが開発されるまで広く使われてきた鉛電池では時間率容量が使われてきました。１時間率、５時間率などで放電電流の大きさを表します。５時間率100Ahの鉛電池はその1/5の20Aで５時間放電できることを表しています。これは、鉛電池は時間率によって放電可能な容量が異なってしまうことからきています。そのため、各種の規格には**時間率容量**が使われています。

一方で、リチウムイオンバッテリーは、そのような容量差がないのでCレートだけで容量を表すことができます。**１時間率容量がCレート**です。急速充電といってもCレートが２C以下です。それより大きな電流で充電するとバッテリーの発熱が大きく、劣化してしまうのです。電気自動車(BEV)の充電時間を短縮するためには高いCレートで充電できるバッテリーの開発も必要です。

放電レート特性

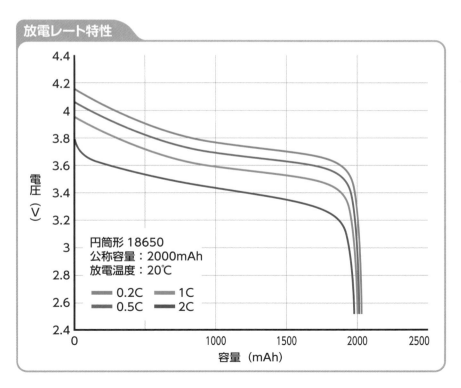

円筒形 18650
公称容量：2000mAh
放電温度：20℃

― 0.2C ― 1C
― 0.5C ― 2C

6-8 キャパシタという バッテリー

化学反応なしで電気を溜めることができるのがキャパシタです。そのしくみと特徴と使い道を解説します。

出力密度が高く、電力の吸収が早い 長寿命のバッテリー

キャパシタは、**静電エネルギーの形で電気エネルギーを蓄えるデバイス**です。

自動車用として用いられているものの名称は、正確には電気二重層キャパシタ（EDLC：Electric Double Layer Capacitor)です。

キャパシタは、化学反応を用いないため、いわゆる物理バッテリーに分類され

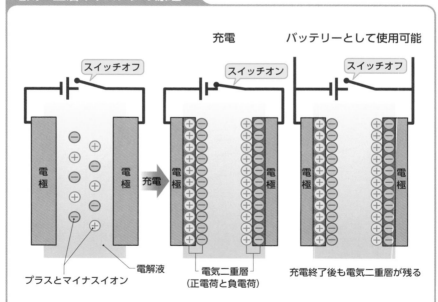

電気二重層キャパシタの原理

充電　　バッテリーとして使用可能

スイッチオフ　　スイッチオン　　スイッチオフ

電極　電極　　充電　電極　電極　　電極　電極

プラスとマイナスイオン　　電解液　　電気二重層（正電荷と負電荷)　　充電終了後も電気二重層が残る

電解中のイオンは充電により電極と電解質に集まり、電気二重層が作られる。それが誘電体として働き、電荷を蓄える。

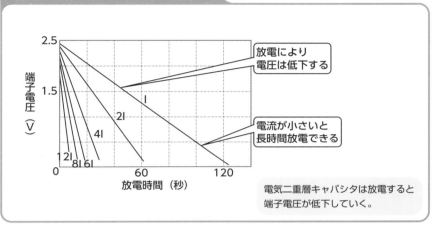

電気二重層キャパシタの放電特性

2.5

端子電圧（V）

1.5

I

2I

4I

12I
8I 6I

0　　　　　　60　　　　120

放電時間（秒）

放電により
電圧は低下する

電流が小さいと
長時間放電できる

電気二重層キャパシタは放電すると
端子電圧が低下していく。

ます。**エネルギー密度は低いものの、出力密度は大きく、劣化しにくいため長寿命であることが特徴**となります。

　電気二重層キャパシタは、正極と負極の間に電解液が配置されています。充電すると、イオンが電極と電解液の界面に集まり、電気二重層が形成されます。この電気二重層が電荷を蓄えます。電気二重層を使ったコンデンサです。電気二重層キャパシタは厚みが薄いため、表面積を大きくして、静電容量を大きくすることができます。ただし、放電すると電圧が低下し、また放電電流が大きいと短時間しか放電ができません。

　電気二重層キャパシタは、リチウムイオンバッテリーなどよりもエネルギー密度が低いため、単独では電気自動車（BEV）のエネルギー源としては使えません。ただし、出力密度が高く回生エネルギーの吸収能力が大きくなるので、ハイブリッド車（HEV）に向いています。また、停留所ごとに充電する、路線バスに使うなどのアイデアもあります。

マツダ提供

マツダのキャパシタ「i-ELoop」

6-9 次世代への期待が高まる全固体電池

安全性と性能が高く、充電時間が短縮できると、次世代の電気自動車（BEV）バッテリーの本命と期待されるのが全固体電池です。そのしくみを解説します。

電解質の固体化で安全性と性能が高まり、出力アップ、充電時間の短縮になる

全固体電池は、負極にリチウム金属酸化物、正極にカーボンを使うのはリチウムイオンバッテリーと同じですが、**電解質に固体を使用するのが特徴**です。通常のリチウムイオンバッテリーでは電解液を使うところ、全固体電池は固体電解質がセパレーターの役割も果たしているのが特徴です。

全固体電池の構造と特徴

従来のリチウムイオンバッテリー	全固体リチウムイオンバッテリー

従来のリチウムイオンバッテリー
電極　有機電解液　電極
負極活物質　正極活物質
Li⁺
負極　正極
セパレーター

全固体リチウムイオンバッテリー
固体電解質　電極
負極活物質　正極活物質
Li⁺
負極　正極

電解質を固体化することで、「液漏れしない」、「電解質が不燃性なので安全性が高い」、「広い温度帯で安定して作動する」、「劣化しにくい」という特徴があります。また、薄型の層を重ねることで小型化が可能で、バッテリーとしては「エネルギー密度が高い」、「高出力化できる」、「充電時間を短くできる」、「熱に強い」というメリットが期待できます。さらに、「コスト的にも有利」と説明するメーカーもあります。

ただし、現状では研究開発中であり、「劣化が早い」、「生産技術が確立していない」という問題もあります。どのような電解質を使うのかが課題となります。

実用化できれば、より小さく、より充電時間が短く、より扱いやすく、そして安全性の高いバッテリーとなり、電気自動車（BEV）の性能を大きく伸長することになります。また、全固体電池の量産化が広がれば、コストも下がり、ひいては電気自動車（BEV）の価格低下にもつながります。電気自動車（BEV）の普及の後押しになることでしょう。

全固体電池の試作品

2023年10月に出光とトヨタは、「バッテリーEV用全固体電池の量産実現に向けた協業を開始」を発表しました。全固体電池の量産化に向けて、量産実証を経た上で本格的な量産化を目指すといいます。トヨタは、全固体電池のプロトタイプを発表。全固体電池の固体電解質も公表しました。

All-solid-state battery
(Stack : prototype)

トヨタが公開した
固体電解質

電気自動車(BEV)の性能に大きな影響を与えるのがバッテリーです。バッテリーが抱える課題とはどんなものがあるのでしょうか。

今後のバッテリーは性能、安全性、環境、そしてコストが重要

電気自動車(BEV)の性能はバッテリーによって大きく左右されます。加速力、航続距離、安全性、そして価格もです。これらすべてに、バッテリーが大きな影響を与えます。

もし電気自動車(BEV)がエンジン車の代替を目指すのであれば、性能と価格はエンジン車と同等でなくてはなりません。エンジン車と同様の走行性能、航続距離を実現できるバッテリーである必要

があるのです。そのためには、**バッテリーのエネルギー密度、出力密度、充電時間、耐久性すべてを、現状よりもさらにレベルアップ**する必要があります。

航続距離であれば、一充電で1000kmを達成すべきでしょう。同時に重量の軽減も必須です。Dセグメントの乗用車であれば車体の重量は2トンを切るのが当然です。

価格では、300万円程度のエンジン

電気自動車(BEV)用バッテリーの課題

性能面

● バッテリーのエネルギー密度、出力密度、充電速度、耐久性
➡現状よりもさらにレベルアップ

● 航続距離
➡一充電で1000km

● 重量
➡軽量化(Dセグメントの乗用車であれば車量は2トンを切るように)

環境面

● 交通事故時の発火や有毒ガス発生の減少

● 製造時のCO_2排出量の削減

● リサイクル性の高さ、原料となる資源の確保

各種バッテリーの比較

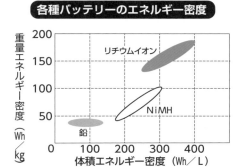

各種バッテリーのエネルギー密度

各種バッテリーのエネルギー密度と出力密度

車の場合、パワートレーンの価格は30万円程度でしょう。それと競争できる価格までバッテリー価格を低減しなくては、電気自動車（BEV）がエンジン車と競争することはできません。

また、万一の交通事故での発火や有毒ガスの発生が少ないことが求められます。さらに、環境面では、製造時のCO_2排出量の削減が重要です。また、リサイクル、リユース性の高さ、原料となる天然資源の課題も解決しなくてはなりません。

現在、全固体電池のその先を目指して革新型電池の研究が行われています。金属-空気電池やフッ化物電池などをはじめとして幅広い研究が世界各国で行われています。これらの**新しいバッテリーが登場すれば、より電気自動車（BEV）が広がっていく**と考えられます。

BEVのバッテリーの
リサイクル

リユースからはじまり
リサイクルはこれからの課題

　電気自動車（BEV）には大容量のバッテリーが搭載されています。当然、廃車するときには、このバッテリーを処分することになります。そこで問題になるのがリサイクルです。

　電気自動車（BEV）が本格的に量産されるようになったのは2010年頃からで、まだ13年ほどしか経過していません。現在の日本の乗用車の平均使用年数は13.84年（令和4年3月末、一般財団法人自動車検査登録情報協会調べ）です。つまり、新車から14年ほどたたないと廃車にはならないわけです。さらに、2010年当時の電気自動車（BEV）の販売台数は、ごく少ないものでした。廃棄される電気自動車（BEV）のバッテリーの数は、まだ非常に少なく、増えてくるのは、もう少し先になります。

　そのため、バッテリーのリサイクルは、あまり進んでいないというのが実情です。

　日産自動車は、2010年に電気自動車（BEV）の「リーフ」の発売にあわせて、リサイクルやリユースを行う「フォーアールエナジー（4R Energy）株式会社」を設立しました。しかし、そもそも廃棄されるバッテリーが少なく、しかも、リユースが中心でした。そのため、ビジネス規模は非常に小さなものに留まっています。また、素材リサイクルは行われていません。

　ちなみに、現在、廃棄された電気自動車（BEV）のバッテリーの処分は、自動車再資源化協力機構JARP：Japan Auto Recycling Partnership）が担当しています。全国10ほどの業者が、無害化・再資源化を行っています。再資源化といっても、取り出されるのは主に鉄とコバルトのみで、リチウムイオン電池の主原料となるリチウムの再資源化は、今後の課題となっています。

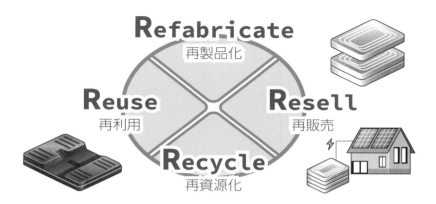

Refabricate
再製品化

Reuse
再利用

Resell
再販売

Recycle
再資源化

- ●Reuse(再利用)：古いバッテリーを中古品として再利用する。
- ●Refabrication(再製品化)：中身をバラバラにして程度のよいセルを組み合わせて再生品として利用する。
- ●Resell(再販売)：EV用ではなく家庭用など、別途の用途向けに商品化して販売する。
- ●Recycle(再資源化)：レアメタルなどの資源を再利用する。

コラム

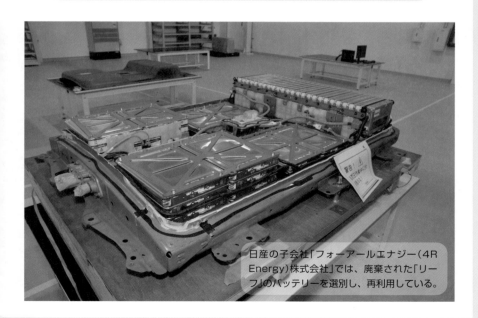

日産の子会社「フォーアールエナジー(4R Energy)株式会社」では、廃棄された「リーフ」のバッテリーを選別し、再利用している。

第 **7** 章

電動車(xEV)に
使われるモーター

Electric motors for electric vehicles (xEV)

電気自動車(BEV)やハイブリッド車(HEV)などの電動車(xEV)を走らせる
のがモーターです。そんなモーターの原理やしくみ、その種類や、それぞれ
の特徴などを解説します。モーターといっても、その中身は千差万別、いろ
いろとあるのです。

7-1 自動車用モーターに求められる特性

電気自動車（BEV）など自動車用に使われるモーターは、自動車専用に設計されています。その特性を解説します。

自動車用モーターは幅広い速度をカバーするフレキシブルさが必要

モーターが何かを回すとき、モーターはトルク（回転力）を発生します。普通の機械は、回転数に対応してトルクが定まります。ところが自動車は、停止からの発進、高速運転、上り坂、急加速など、走行状況によってモーターの回転数もト

ルクも大きく変化します。走行モーターは、それらすべての領域で運転可能で、しかも**全領域で高効率であることが必要**です。

そうしたモーターの運転特性を示すのが**速度トルク曲線（N-T特性）**です。自動

一般のモーターと自動車用モーターの違い

一般のモーター

自動車用モーター

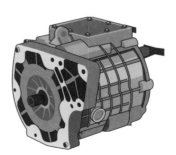

一般のモーターは機械に取り付けることを考えているが、自動車用モーターは、自動車の部品として組み込むような外観である。

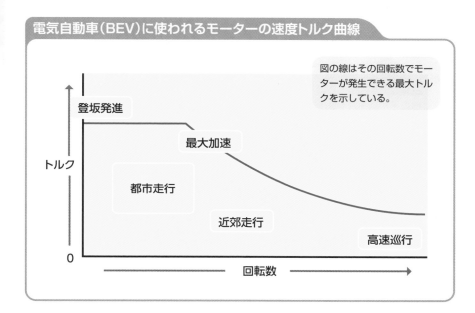

電気自動車（BEV）に使われるモーターの速度トルク曲線

図の線はその回転数でモーターが発生できる最大トルクを示している。

登坂発進

最大加速

トルク

都市走行

近郊走行

高速巡行

0

回転数

車用モーターは、この線の内部のすべての領域で運転します。

　この速度トルク曲線では、低速側では、最大トルクが一定になっています。これを**定トルク特性**と呼びます。また、高速側では、回転数に反比例して、最大トルクが低下していきます。これを**定出力特性**と呼びます。

　自動車用モーターは、**定トルク特性**を「最大トルクの大きさと回転数域（または定トルク運転できる最高回転数）」、**定出力特性**を「最大出力の大きさと回転数域（または最高回転数）」で表示します。ちなみに最大トルクや最大出力は、モーターの冷却条件に左右されます。

　一般のモーターは定格出力（kW）で表されることが多いのですが、出力は（トルク）×（回転数）を表します。ところが自動車用モーターは出力が常に変化するので定格出力は使いません。

定出力特性の回転数とトルクの関係

出力は同じ

トルク

回転数

出力（W）はトルクと回転数の積である。「出力（W）＝トルク×回転数」となる。出力一定の場合、トルクと回転数は反比例する。

7-2 モーターの分類

120年以上も前から実用化されたモーターには、さまざまな種類と形式があります。どのようなものがあるのか、その代表例を紹介します。

モーターは直流(DC)と交流(AC)に分類され電源に何を使うかが基本

モーターは、大きく分けると**直流(DC)モーターと交流(AC)モーター**に分類されます。直流では電流が同じ方向に流れ続けます。一方、交流は電流の流れる方向が周期的に入れ替わって流れます。そうした電源の種類によって、モーターは大きく分類されているのです。

また、直流電源と交流電源以外にも、特殊な波形の電源を使うモーターも存在します。

現在ではパワーエレクトロニクスの進歩により、電源が直流または交流であっ

直流(DC)と交流(AC)

| 直流 | 交流 |

電流 ／ 直流 ／ 時間
0

大きさと向きが **変化しない**

電流 ／ 交流 ／ 時間
0

大きさと向きが **変化する**

直流は電流が同じ方向に流れ続け、交流は電流の流れる方向が周期的に入れ替わる。

モーターの分類

電源の種類	モーターの方式	モーターの名称
直流（ＤＣ）	永久磁石方式	永久磁石DCモーター
	他励方式	他励DCモーター
	自励方式	直巻／分巻／複巻DCモーター
交流（ＡＣ）	同期モーター	巻線同期モーター
		表面磁石同期モーター（SPM）
		内部磁石同期モーター（IPM）
		リラクタンスモーター
	誘導モーター	かご型誘導モーター
		巻線型誘導モーター
	単相ACモーター	単相誘導モーター
		単相同期モーター
専用電源 （特殊波形）		ブラシレスモーター
		ステッピングモーター
		SRモーター

ても、**必要に応じた形態に自由自在に変化させることができます**。そのため、直流電源で交流（ＡＣ）モーターを回すことも、逆に交流電源で直流（ＤＣ）モーターを回すのも簡単になっています。

　実際のところ、現在、量産されている**電気自動車（BEV）の駆動用モーターはすべて交流（ＡＣ）モーター**になっています。直流（DC）のバッテリー電源をパワーエレクトロニクスで交流（AC）にしています。また、エンジン車であっても、オルタネーターなどの発電機も交流（AC）発電機が使われています。

　ただし、モーターの性能や特性について理解するには、入力する電源ごとのモーターを分けて検討する必要があります。また、駆動用モーター以外では、今も数多くの直流（ＤＣ）モーターが自動車に使われています。

電源とモーター

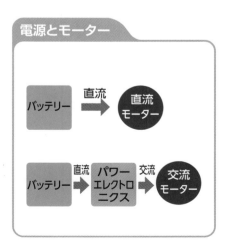

7-3 モーターの構成

ここではモーターの構成を見ていきます。そのモーターの構成により、いくつかの種類に分類することができます。

モーターは回転する部分、回転しない部分、その間の空間のエアギャップで構成される

モーターは回転する機械であり、その中身は2つの部分が基本となります。それは、回転する部分の**ローター(回転子)**と、回転しない部分の**ステーター(固定子)**です。

実際のところは、この2つだけではなく、回転の軸となる**シャフト(軸)**、それを受け止める**軸受け**、さらには、それらを納める**ケース(ハウジング)**から構成されます。

また、ローターとステーターの間には、必ず空間があり、これを**エアギャップ**(単に**ギャップ**と呼ぶこともある)と呼びます。この空間の磁界を利用するので、モーターには必須の空間となります。隙間の距離が短いほど性能が上がります。

モーターの構成

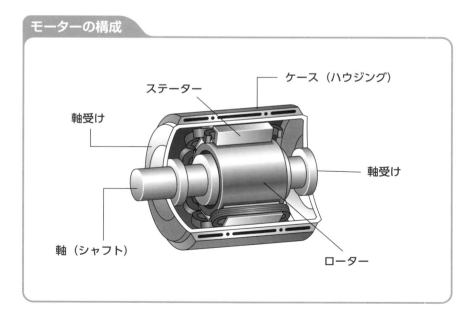

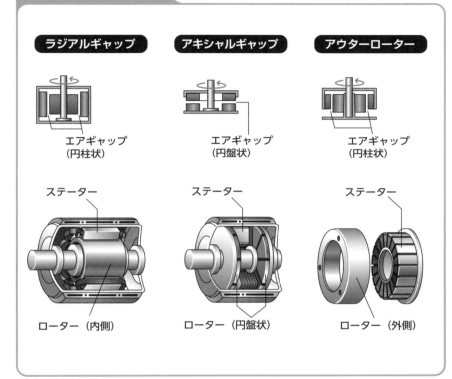

モーターの3つの分類

ラジアルギャップ	アキシャルギャップ	アウターローター
エアギャップ（円柱状）	エアギャップ（円盤状）	エアギャップ（円柱状）
ステーター	ステーター	ステーター
ローター（内側）	ローター（円盤状）	ローター（外側）

モーターは、エアギャップの形とローターの位置関係により、3種類に分類することができます。

分類1
ラジアルギャップモーター

最も一般的な形状で、ステーターの内側でローターが回転します。エアギャップの磁界が、回転軸と直角のラジアル方向（半径方向）を向くため、ラジアルギャップと呼ばれます。

分類2
アキシャルギャップモーター

円盤状のローターが回転します。磁界が軸と同じアキシャル方向（軸方向）を向くため、このように呼ばれます。

分類3
アウターローターモーター

ローターがステーターの外側にあり回転します。

7-4 基本となる 直流(DC)モーター

モーターの基本となるのが直流(DC)モーターです。どのような原理で回転するのかは「フレミング左手の法則」で説明されます。

「フレミング左手の法則」の方向に 磁界内に力が生まれる

　モーターが回転するのは、モーター内部で磁界の方向と電流の方向が直交しているからです。磁界中のコイルに力が発生する「**フレミング左手の法則**」で説明されます。

　下図のように、N極からS極に向かう磁界の中で、中心軸で回転できる導体に電流を流すことで回転する力が生まれます。このとき、磁界を作る部分を**界磁**と呼び、回転することで電気エネルギーを

電磁力で回転させるモーターの原理

- 発生する力
- N
- S
- 発生する力
- 磁界の方向
- 導体
- 電流
- 導体は中心軸に回転するように取り付けられている。

フレミングの左手の法則

- 導体にかかる力 F
- 磁界の方向 B
- 電流の流れる方向 I
- 左手

運動エネルギーに変換する部分（回転子）は**電機子**と呼ばれます。

　直流（DC）モーターの場合、ローター（回転子）が電機子であり、ステーターが界磁となります。

　直流（DC）モーターの分類は、この界磁の方式で決まります。界磁に永久磁石を使うものを、**永久磁石方式**と呼び、コイルで磁界を生み出すものは**他励方式**と**自励方式**があります。

　界磁コイルに流す電流を、電機子とは別の電源を使用する場合が**他励方式**と呼ばれます。一方、界磁と電機子で同じ電源を使うものは**自励方式**と呼ばれます。

　自励方式のうち、直列でつなぐものを直巻方式、並列につなぐのを分巻方式、直列と並列の両方の回路を持つのが複巻方式となります。複巻方式は、界磁コイルが２つあるため、直巻方式と分巻方式の中間的な特性となります。

各種のDCモーター

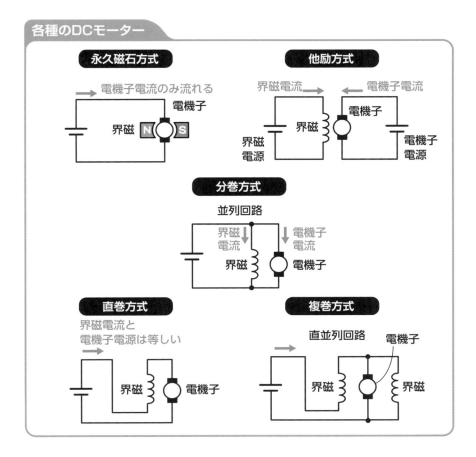

永久磁石方式
電機子電流のみ流れる
電機子
界磁　N　S

他励方式
界磁電流　　電機子電流
界磁
電機子
界磁電源　　電機子電源

分巻方式
並列回路
界磁電流　電機子電流
界磁　電機子

直巻方式
界磁電流と
電機子電源は等しい
界磁　電機子

複巻方式
直並列回路　電機子
界磁　界磁

交流(AC)モーターに使う三相交流

交流(AC)モーターに主に使われる電源は三相交流です。3本の電線から電流が流れ、そのうちの1本は逆向きに流れる特徴があります。

単相交流を3つあわせた三相交流。1本の電流は逆向きに流れる

交流(AC)電源を使うモーターを**交流(AC)モーター**と呼びます。そして主な交流(AC)モーターには**三相交流**という電流が使われています。

交流(AC)電源は、電流の方向(プラスとマイナス)が周期的に変わります。1秒間にプラスとマイナスが変わる回数のことを**周波数[Hz(ヘルツ)]**と呼びます。住宅のコンセントは1秒間に50、もしくは60回入れ替わります。これを**単相交流**と呼びます。

単相交流と三相交流

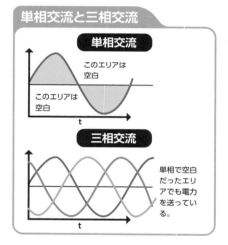

三相交流電流の流れの変化

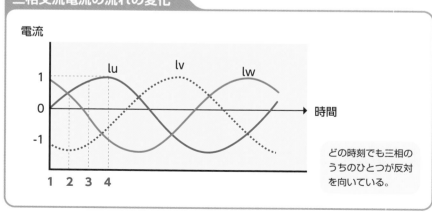

どの時刻でも三相のうちのひとつが反対を向いている。

その単相交流を３つあわせたものが**三相交流**となります。三相交流は３本の電線からなり、それぞれ周期的に電流の流れがプラスとマイナスに変化していきます。３つの流れの変化のタイミングは、それぞれ正確にズレています。どの瞬間も、いずれかの線に電流が流れており、**しかも３本のうち１本が逆向きに電流が流れるのが特徴**となります。三相交流の電流をモーターの円周上に等分に配置し

たものが**三相コイル**です。３つのコイルに電流を流すと磁界が生まれます。三相交流は３本のうち１本が逆方向の電流のため、円周上にN、Sの２つの磁極ができます。

三相交流電流は時間とともに変化するので、磁界は回転します。このような磁界を**回転磁界**と呼びます。この回転する磁界が交流（AC）モーターを回す原動力となります。

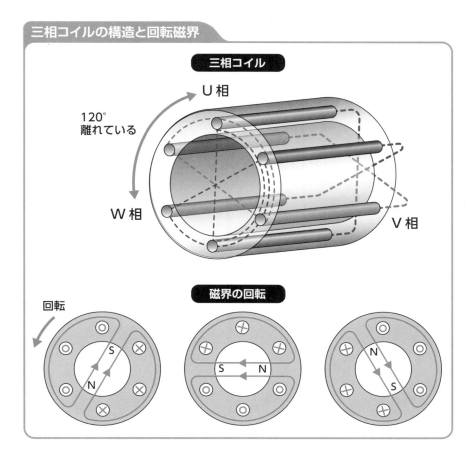

三相コイルの構造と回転磁界

三相コイル

U相

120°
離れている

W相

V相

磁界の回転

回転

121

7-6 同期モーターと誘導モーター

交流（AC）モーターにも、いろいろな種類が存在しています。回転原理によって同期モーターと誘導モーターの2つに分類できます。

回転原理の違いで2種類のモーターがある

　交流（AC）モーターは、三相交流を使って回転します。その回転数は電源の周波数によって定まります。周波数が変化しなければ、決まった回転数でしか回りません。そのため「一定回転で使うなら交流（AC）モーター」、「回転数を変えたいなら直流（DC）モーター」と使い分けられていました。

　しかし、パワーエレクトロニクスの進化によって、電源の周波数は自由自在に変更することが可能になりました。それにあわせて、交流（AC）モーターは、利用範囲が拡大し、今ではモーターの主流に成長しています。とくに電気自動車（BEV）をはじめとする自動車の駆動用に使われるのは、ほとんどが交流（AC）

単相でも回る交流（AC）モーター

交流（AC）モーターには、三相交流の電源以外でも回る存在もあります。それが単相交流（AC）モーターで、家庭用のコンセントに流れる単相交流（AC）電源に対応します。コンデンサーを使って電源を二相交流にする**コンデンサーモーター**や、電磁誘導の原理を利用する**くま取りモーター**などが存在します。

```
           コンデンサーモーター
```

単相交流 ── → ── 主コイル

補助コイル かご型ローター

C

コンデンサーで電流の位相を進ませる かご型ローター

同期モーターの原理

回転磁界

S

N

S

N

磁界に吸引されて
磁石が回転する

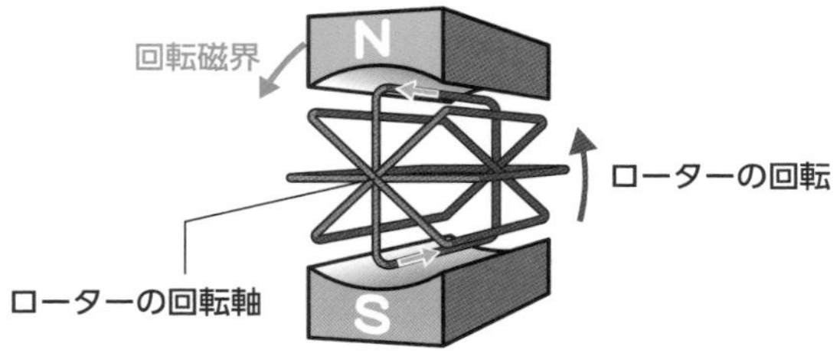

誘導モーターのローター

回転磁界

N

S

ローターの回転

ローターの回転軸

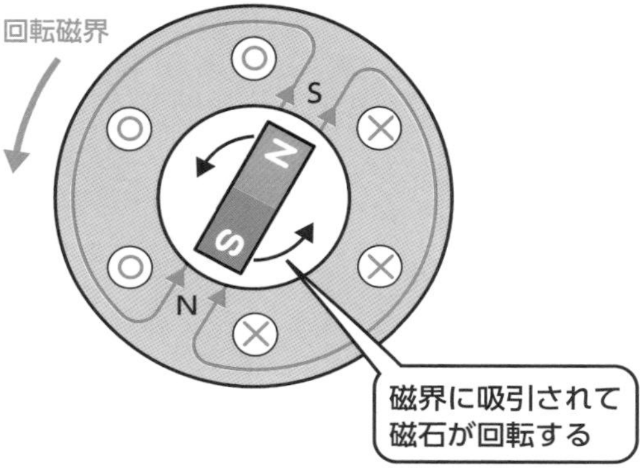

モーターです。

　そんな三相交流を使う交流（AC）モーターにもいくつかの種類が存在します。大きく分けると、回転の原理によって**同期モーター**と**誘導モーター**の2つに分類することができます。

　同期モーターは、ステーターに配した三相コイルが生み出す回転磁界がローターの磁石（または電磁石）を吸引することで回転します。

　誘導モーターは**電磁誘導**を利用します。ステーターの三相コイルに電流を流すと、ローターのコイルに電磁誘導により電流が流れます。

　周囲の三相コイルの磁界とローターのコイルの電流により起きる力（フレミング左手の法則）で誘導モーターは回転します。

7-7 同期モーターのしくみ

電気自動車（BEV）などの車両に採用されることの多い交流（AC）モーターが同期モーターです。ネオジム磁石の発明で状況が一変しました。

ネオジム磁石を使った永久磁石同期モーターが主流

同期モーターは交流（AC）モーターのひとつであり、電気自動車（BEV）やハイブリッド車（HEV）に数多く採用されているモーターです。

同期モーターは、ステーター（固定子）に配置された三相コイルが生み出す回転磁界に、ローター（回転子）がぴったりと同期して回転します。ローターにコイルを巻いて電磁石にするものが**巻線同期**モーター、ローターに永久磁石を用いるのが**永久磁石同期モーター**と呼ばれています。

かつてはフェライト磁石しかなかったので、巻線同期モーターが多く使われていましたが、20世紀最後に**ネオジム磁石が発明されて状況が一変**します。ネオジム磁石は、フェライト磁石の何倍もの磁力を持っているのです。

同期モーターの原理

磁界が回転する

磁界の回転と同期して磁石も回転する

S　N

コイル（電機子）

永久磁石（界磁）

スロット

永久磁石同期モーターの制御

永久磁石同期モーターとインバーター

制御回路 電流の 制御 インバーター 回転角度と回転数に 応じた三相交流電流 永久磁石 同期モーター 角度検出用 センサー

CPU 軸

回転角度に応じた 回転磁界の信号を 作る ローターの回転角度の信号 θ

また、電流の周波数を変化させるパワーエレクトロニクスの進化、高度な計算を可能とするコンピューター技術の進化が揃うことで、ネオジム磁石を使った永久磁石同期モーターは、**より強力**で、**より小型**、**より高度に制御することが可能**になりました。

なお、永久磁石同期モーターは、ローターの回転角度を検出するセンサーも必須となります。

ネオジム磁石とは

ネオジム磁石は、ネオジム、鉄、ホウ素の化合物を焼き固めて作ります。それ以前にモーターに使われてきたフェライト磁石と比べると、何倍もの性能を備えています。

各種永久磁石の性能

磁石の種類	残留磁束密度	保磁力	BHmax
ネオジム磁石	1.3T	1000kA/m	300kJ/m³
ボンド磁石	0.7T	400kA/m	100kJ/m³
フェライト磁石	0.4T	300kA/m	30kJ/m³

- **残留磁束密度**：磁石内部の磁化の強さ
- **保磁力**：外部の反対向きの磁界に対する強さ
- **BHmax**：磁束密度と磁界の積の最大値。最大エネルギー積と呼び、磁石の性能指数に使われる

7-8 2種類の永久磁石同期モーター

永久磁石同期モーターには、磁石の配置によって2種類が存在します。それぞれ、どのような特徴があるのかについて解説します。

SPMモーターとIPMモーターでは磁石の存在場所が異なる

永久磁石同期モーターには、**SPMモーター**と、**IPMモーター**の2種類が存在します。

SPMは「Surface Permanent Magnet」の略で、**表面磁石型**と呼びます。IPMは「Interior Permanent Magnet」で、**内部磁石型**、もしくは**埋込磁石型**と呼ばれています。

SPMモーターは、ローターの表面に永久磁石が取り付けられています。一方、

SPMモーターとIPMモーターの違い

SPM（表面磁石型）

鉄心の表面に磁石が装着されている

IPM（埋込磁石型）

鉄心の内部に磁石が埋め込まれている

鉄心

N S

S N

N

S S

N

IPMモーターはローターの内部に磁石が埋め込まれています。

　SPMモーターは弱い磁力の磁石でも、それなりのトルクを生み出せます。しかし、回転するローター表面に磁石があるため、遠心力で磁石が剥がれてしまいます。そのため、小出力や小さなモーターに使われることが多くなります。

　IPMモーターは強力なネオジム磁石を使うことで、内部に磁石を配置できるようになり、実用化されました。

　さらにIPMモーターは、**リラクタンス**トルクが発生します。これは、曲がった磁力線がまっすぐに戻ろうとする力のことで、**マクスウェル応力**とも呼ばれます。磁石は透磁率が低く、磁気が通りにくいため、磁力線がローターを通り抜けるときに曲がります。

　それによってリラクタンストルクが発生し、磁石で発生する力に加わるため、結果的にトルクが大きくなり、IPMモーターは効率がよく、低回転でも大きな力を生み出すことができるのです。これがIPMモーターの特徴となります。

リラクタンストルク

リラクタンストルクとは

ローター

磁力線

IPMモーターの
リラクタンストルク

回転磁界

磁力線が曲がる

IPM

7-9 誘導モーターの しくみと分類

電気自動車（BEV）や産業用モーターに採用されているのが交流（AC）モーターのひとつである誘導モーターです。そのしくみと分類を解説します。

回転する磁界にやや遅れて回る「すべり」が特徴

誘導モーターの回転する原理は、3ステップに分けて考えると理解しやすいでしょう。

まず、ステーター（固定子）に配置した三相コイルに電流を流すと、回転磁界が生じます。次に、回転磁界が内部にあるローターのコイル（導体）を横切ると、電磁誘導により、コイルに起電力が生まれて電流が流れます。最後に、磁界と電流により、ローターに回転する力が生じます。これはフレミング左手の法則（118ページ参照）です。

ここでポイントとなるのは、回転磁界とローターのコイルが互いに動いていな

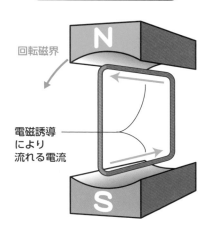

誘導モーターの原理

誘導モーターの原理

回転磁界

N

電磁誘導により流れる電流

S

同期モーターはステーターの三相コイルで作られた回転磁界にローターの磁極が吸引されて回転する。

いと電流が流れないことです。つまり、回転磁界と内部のローターには速度差が必要となります。これを、**すべり**と呼びます。誘導モーターは、**三相交流の周波数とローターの回転数にすべりという回転差が存在するのが特徴**です。

かつてはローターに三相コイルを巻いた**巻線型誘導モーター**が主流となっていました。この方式はモーター全体が大きくなりがちで、またローターの三相コイルはブラシによって外部と接続していました。ブラシは摩耗するため、メンテナンスが必要になります。

そのため、現在は小型でブラシの必要のない**かご型誘導モーター**が主流となり

「すべり」とは

回転磁界の回転数（同期回転数）と実際の回転数の差を同期回転数の比で表したものです。

$$\text{すべり} = \frac{\dfrac{\text{同期}}{\text{回転数}} - \dfrac{\text{実際の}}{\text{回転数}}}{\text{同期回転数}}$$

※同期：モーターの回転数と電流の周波数が比例すること
※同期回転数＝回転磁界の回転数

ました。かご型誘導モーターは、ローターの内部にかごのような形の導体があるため、その名前がついています。

かご型誘導モーターのローター（回転子）

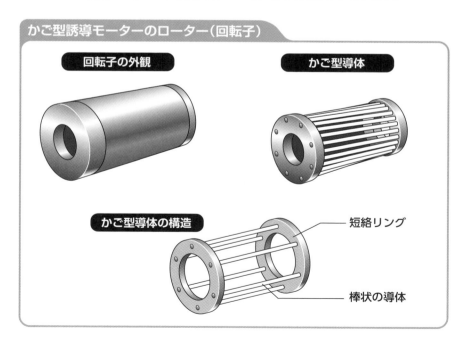

回転子の外観

かご型導体

かご型導体の構造

短絡リング

棒状の導体

7-10 誘導モーターの特徴と制御方法

誘導モーターは、すべりの量が変化することで安定運転する作用があります。また、電源周波数の変更で簡単に回転数を制御することができます。

電動自動車(BEV)の誘導モーターはベクトル制御を採用

誘導モーターは、回転磁界とローターの回転に、すべりという回転差を持つのが特徴です。そのため、モーターの負荷が変動しても、すべりの量が変化することで運転を安定させる特性があります。つまり、**きめ細かな制御をしなくても、おおよそ一定速度でモーターが回転し続けてくれます。**

V／f一定制御とベクトル制御

V/f一定

周波数と電圧が比例している

高↑
電圧 V

0   周波数 f　→大

V/f一定にしたときの誘導モーターのトルク

V/f一定にするとトルクはほぼ一定になる

＋
トルク 0
−

0   10Hz 20Hz 30Hz 40Hz 50Hz   回転数

誘導モーターのVVVF制御

大↑
トルク

出力電圧

定トルク特性　　トルク　　定出力特性

V/f一定制御

V一定制御

基礎回転数　　　回転数 →高

そのため、誘導モーターはポンプやファンなどに利用されました。

その後、パワーエレクトロニクスの進化により、電源周波数を自由に変化させることが可能となりました。

そこで誘導モーターの制御に利用されたのが**V/f一定制御**で、電圧（V）と周波数（f）の比を一定にするように保つという制御法です。これを使うと、回転数を変えてもトルクを一定にすることができます。また、周波数制御はVVVF（Variable Voltage Variable Frequency）と呼ばれます。

電気自動車（BEV）などに誘導モーターを使う場合は、さらに緻密な制御ができる**ベクトル制御**が採用されています。ベクトル制御は、モーター内部の回転磁界と三相交流の電流をベクトルとして制御する方法です。ローターの回転角度と交流電流の波形を精密に検出するセンサーを使い、供給電流の正弦波の振幅（大きさ）と位相を制御します。これにより、正確な回転数や滑らかでムラのない回転を実現することができます。

ベクトル制御のメリット

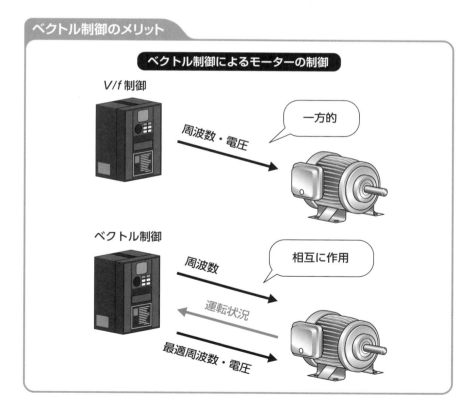

ベクトル制御によるモーターの制御

V/f制御

周波数・電圧 → 一方的

ベクトル制御

周波数 →
← 運転状況
最適周波数・電圧 →

相互に作用

7-11 同期モーターと誘導モーターの違い

 電気自動車（BEV）には交流の同期モーターと誘導モーターが採用されています。この2つのモーターについて、特性の違いを解説します。

低速なら小型で高効率の同期モーター、誘導モーターは高速の走行領域を得意とする

現在、市販されている電気自動車（BEV）には、**同期モーター**と**誘導モーター**の2種類の交流（AC）モーターが使われています。この2つモーターには、それぞれに特徴と得意な領域があり、その用途にあわせて選ばれています。

同期モーターは、**小型で高効率**が特徴です。とくに、中低速の走行領域で効率に優れます。ただし、永久磁石を使う同期モーターは、電流を流さないときも磁石による引きずり抵抗が生まれてしまいます。つまり、走行状況によって通電して駆動したり、駆動せずに空転させたりするような使い方には向きません。

そのため、FFベースのハイブリッド車（HEV）に後輪モーターを追加する電動4WDでは、後輪用に誘導モーターが採用されています。

同期モーターと誘導モーターのメリット・デメリット

種類	メリット	デメリット
同期モーター	●小型化しやすい ●中低速で効率が高い	●磁力による引きずり抵抗がある ●磁石にレアアースが必要
誘導モーター	●高速で効率が良い ●レアアース不要 ●磁力による引きずり抵抗がない	●同期モーターより大きい

最近では、永久磁石型ではなく、**巻線界磁型の同期モーターも登場**しました。状況によりローター（回転子）の磁力を変化させて、常に最適な効率を追求することが可能となります。

誘導モーターは、**高速の走行領域を得意**としています。そのため、高速走行を念頭においた比較的に大きな高性能電気自動車（BEV）に採用されるケースが多いようです。また、誘導モーターは永久磁石を使わないため、レアアースの確保という問題がないのもメリットです。

モーターの最高効率

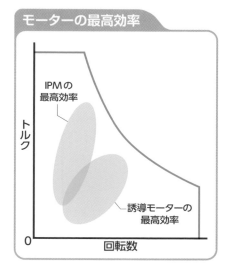

IPMの
最高効率

トルク

誘導モーターの
最高効率

0　　　　　回転数

同期モーターと誘導モーターのローター

同期モーター

同期モーターはローターの内部に永久磁石が埋め込まれている。

分布巻きモーター

誘導モーター

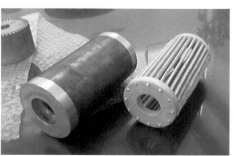

7-12 次世代モーターとして期待されるモーター

次世代の交流（AC）モーターの主役と期待されているのが、リラクタンスモーターとSRモーターです。レアアースを使用しないことが利点です。

永久磁石を使わない
リラクタンスモーターとSRモーター

次世代モーターとして期待されているのが、**リラクタンスモーターとSRモーター**です。特徴はローターに永久磁石やコイルを必要としないことです。曲がった磁力線がまっすぐになろうとするリラクタンストルクを使って回転します。永久磁石を使わないため、ネオジム磁石に必須のレアアースも必要ありません。資源確保の不安がないという大きな利点を有します。

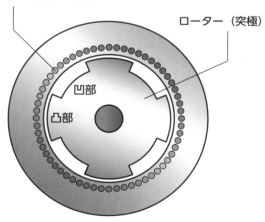

リラクタンスモーターの構造

ステーター（三相コイル）

ローター（突極）

凹部

凸部

リラクタンスモーターは同期モーターであり、三相コイルで回転磁界を作ると、鉄ローターの突極の形状によってローター内部の磁力線が曲がり、リラクタンストルクが発生する。

ローターの断面が円形ではなく、一部切り欠きのある**突極**という形状になっていることも特徴です。ローターの内部に細い円弧状のスリットがあり、その空洞により磁力線を曲げてリラクタンストルクを生み出すものもあります。

　リラクタンスモーターのうち、ローターだけでなく、ステーター側も突極形状になったものが**SR（Switched Reluctance）モーター**です。ローターとステーターの突極の数は異なります。ローターとステーターの突極の位置がズレると磁力線が曲がるため、そこにリラクタンストルクが生まれます。電流を流すコイルを次々と切り替えることで、リラクタンストルクを発生させて回転します。

リラクタンスモーターのローター断面

スリットどうしは細いブリッジでつながっている

スリットがあるので磁力線が曲がる

　ただし、これらのモーターは現状のところ、永久磁石同期モーターと同等の性能を発揮できないため、今後の研究開発に期待されている状態です。

SRモーターが回転するしくみ

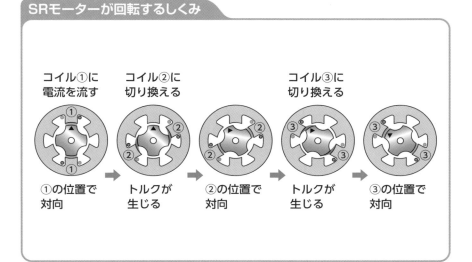

コイル①に電流を流す → コイル②に切り換える → → コイル③に切り換える →

①の位置で対向 → トルクが生じる → ②の位置で対向 → トルクが生じる → ③の位置で対向

7-13 インホイールモーター

電気自動車（BEV）にぴったりのモーターと考えられるのがインホイールモーターです。メリットも多いのですが課題もあります。

インホイールモーターは電気自動車（BEV）ならではの技術

インホイールモーター（In-Wheel Motor）は、駆動モーターが車両のタイヤホイールの内部にあるか、もしくはホイールと一体化したモーターのことです。

インホイールモーターを車両に採用すると多くのメリットが生じます。まず、左右輪が独立していますから、**ディファレンシャルが必要ありません。トランスミッションも不要**です。そのため、車両内のレイアウトの自由度が高くなり、居住スペースを増やすことも、バッテリー搭載スペースを広くすることもできます。

インホイールモーターの構造

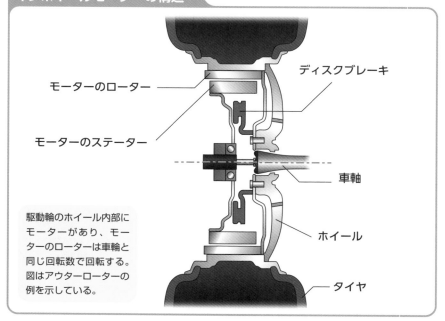

モーターのローター

モーターのステーター

ディスクブレーキ

車軸

ホイール

タイヤ

駆動輪のホイール内部にモーターがあり、モーターのローターは車輪と同じ回転数で回転する。図はアウターローターの例を示している。

また、左右輪の駆動を独立して制御することが可能です。タイヤ角度の操舵角の限界もなくなるため、進行方向に対して90度まで操舵することができます。そうなれば、その場で回転する信地旋回も可能となります。

インホイールモーターは、**電気自動車（BEV）ならではの技術**であり、実現すれば大きなメリットを生み出します。そのため、ポルシェ博士が1900年に発表した電気自動車（BEV）や、その後のハイブリッド車（HEV）にもハブモーターと呼ばれるインホイールモーターが採用されていました。

ただし、モーターの冷却、水の浸水防止、振動対策など、克服すべき課題が数多くあり、いまだに量産車では採用されていません。**未来の電気自動車（BEV）技術として期待**されています。

ローナーポルシェに使われたハブモーター。
出力は1.8kW

日産のコンセプトカー
（実車はまだない）

7-14 モーターの今後の課題

20世紀末にモーターは大幅な進化を遂げましたが、その進化にはまだ先があります。現在のモーターが直面している課題を見ていきます。

さらなる高効率化を目指してモーターも進化が続く

20世紀末、**ネオジム磁石**の実用化やコンピューターの進化などによって、モーターの性能は大幅にアップしました。

しかし、モーターの進化に終わりはありません。さらなる高効率化を実現するために、コイルの平角線の採用や高電圧化、さらに**可変磁束**などが採用されています。

コイルは丸い導線ではなく、平角な線にすることで密度を高め、発生する磁界を強くすることができます。

モーター駆動の電圧を高くすると電流

モーターのコイル

ステーターのコイルを丸い巻線（**1**）から、太い平角線（**2**）にすることで、効率をアップ。コイルを巻くのではなく、ヘアピンのような形のコイルを差し込んで接続する（**3**）。

最新の巻線同期モーター

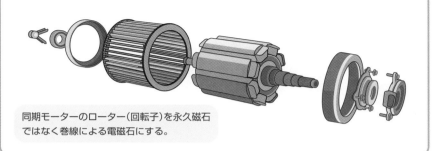

同期モーターのローター（回転子）を永久磁石ではなく巻線による電磁石にする。

が低下するので、効率がアップします。また、電圧を高くすることで高速化しても制御精度も高まります。さらに、バッテリーの電圧を高くすれば充電にかかる時間も短くすることができます。

一方で、モーターに使われる一般的なマグネットワイヤはDC400V級でしか使用できません。それ以上の電圧のモーターを使用するためには、さらなる強力な絶縁コーティングが必要です。そうし

た素材の問題をクリアした先に、**モーターの高電圧化**が実現します。

可変磁束とは、同期モーターのローターの磁力を走行状況にあわせて最適に変化させようというアイデアです。ローターにコイルを使う巻線同期モーターは可変磁束が可能で、すでに日産アリアなどに採用されています。さらに、巻線を使わない永久磁石同期モーターの可変磁束が研究されています。

巻線界磁同期モーター採用の日産アリア

第 8 章

モーターを制御する
パワーエレクトロニクス

Power electronics to control motors

電気自動車（BEV）などの電動車（xEV）を走らせる動力源となるのはモーターです。しかし、クルマとして走らせるには、精密にモーターをコントロールする必要があります。そうした制御を担うのがパワーエレクトロニクスで、電動車（xEV）に欠かせない技術です。

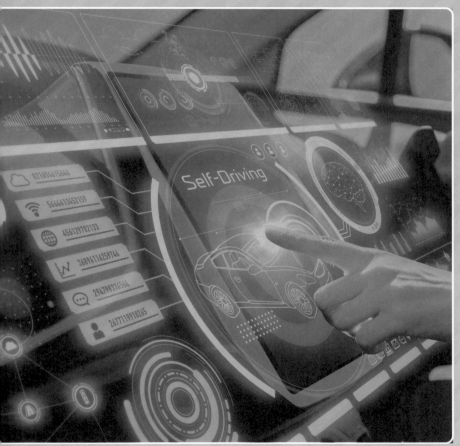

Self-Driving

02165461544
566446134521591
456629782132
36096114259744
294798236564
2477119910265

8-1 パワーエレクトロニクス

パワーエレクトロニクスは電力を制御する技術・装置のことです。電気自動車（BEV）にとって欠かせない存在となります。

電力の形態を変化させて電気エネルギーを制御する

　電気自動車（BEV）などの駆動用モーターを制御するのに使われるのがパワーエレクトロニクス（Power Electronics）です。

　具体的には、パワー（電力）を制御するエレクトロニクスの技術及び装置を指します。パワーエレクトロニクスは、電力を制御するために使われます。そのため、**電力変換（Power Conversion）**をします。電力変換は、電力の形（電圧や電流、波形など）を変更することを意味します。その中には、直流を交流に変換したり、

電力の形態

電力の種類

直流電力	交流電力

**電圧
電流**

**電圧
電流
相数
位相
周波数**

電力の形態

電力の種類によって形を決める要因が異なる。

電力変換の種類

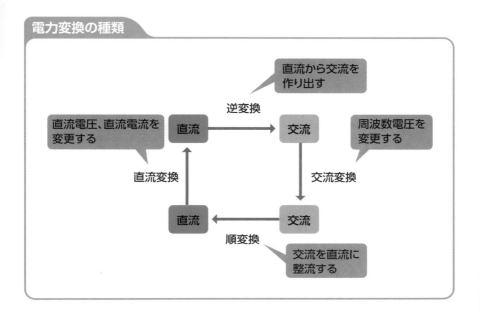

直流を異なる直流電圧に変換したりすることも含まれています。電力変換の種類を上図に示します。

　交流を直流に変換する「**整流（Rectify）**」は、真空管時代から広く使われていました。そのため、交流から直流への変換は**順変換**と呼ばれ、後に使われるようになった直流から交流への変換は**逆変換（Invert）**と呼ばれるようになったのです。

　また、電力変換回路すべてを**コンバーター**と呼ぶことがあります。特に直流から交流に変換する回路は**インバーター**と呼びます。ここで混乱しやすいのですが、インバーター回路を持った装置そのものをインバーターと呼ぶことがあります。インバーターは、回路を指す場合と装置を指す場合があります。

電力変換の回路の名称

名称	変換内容	回路や装置の名称
順変換	交流→直流	整流器、AC/DCコンバーター
直流変換	直流→直流	DC/DCコンバーター、チョッパー
逆変換	直流→交流	インバーター
交流変換	交流→交流	サイクロコンバーター、マトリクスコンバーター

8-2 モーターの基本特性と制御

モーターを制御する上で抑えておきたいのが、モーターの基本特性です。電流と電圧によってどのようにモーターを制御できるのかを解説します。

トルクは電流に、回転数は電圧に比例する

モーターの基本的な特性として、「**トルクは電流に比例する**」というものがあります。電流を大きくすれば、トルクが高くなります。そして、モーターの回転数は負荷のトルクとモーターのトルクが等しいところに納まります。負荷が軽ければ回転数が上がり、負荷が重ければ回転数が下がるからです。つまり、**電流制**御でトルクを変えれば、回転数も制御できます。

もうひとつのモーターの特性が「**速度起電力は回転数に比例する**」というものです。速度起電力は、磁界の中を導体が動くと発電するという現象です。じつは、モーターに電流を流して回転させると、逆の方向に電圧が生まれます。モーター

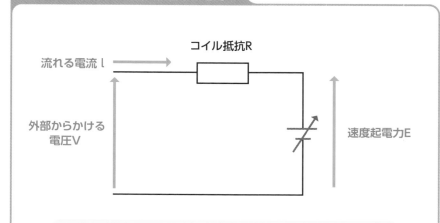

モーターを流れる電流と速度起電力

コイル抵抗R

流れる電流 I →

外部からかける
電圧V

速度起電力E

外部から掛ける電圧と、速度起電力の差でモーターに電流が流れる。
回転数が高いほど速度起電力も高くなるので、外部から掛ける電圧も高くなる。

モーターの回転数と電圧の関係

同じトルクを
出す場合　V

モーターに流れる
電流に比例する電
圧の差

電圧

E

回転数

を回転させるには、速度起電力を上回る電圧が必要になります。モーターに流れる電流は、外部から加えた電圧と内部で発生した速度起電力との差に比例しています。これは、「**モーターの回転数は電圧に比例する**」という、もうひとつの特性を意味しています。同じ電流で同じト

ルクを発生させるにも、回転数によって電圧を上げ下げする必要があるのです。これは直流（DC）モーターだけでなく、交流（AC）モーターでも基本は変わりません。ただし、交流（AC）モーターは、これに周波数というファクターも加えて、制御することになります。

モーターの基本特性と制御

フレミングの法則 右手・左手の違い

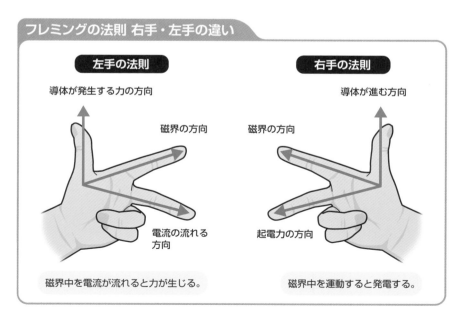

左手の法則

導体が発生する力の方向

磁界の方向

電流の流れる
方向

磁界中を電流が流れると力が生じる。

右手の法則

導体が進む方向

磁界の方向

起電力の方向

磁界中を運動すると発電する。

8-3 DC/DCコンバーター

> 直流電力を制御するのがDC/DCコンバーターです。直接に直流(DC)モーターを制御したり、インバーターと組み合わせて交流(AC)モーターを制御します。

直流電力の電圧と電流をコントロールする

　直流(DC)電力を直流のまま、電圧・電流を変換する、直流変換を行う回路、および機器を**DC/DCコンバーター**と呼びます。

　回路の名称としては、**降圧チョッパー**、**昇圧チョッパー**、**スイッチングレギュレーター**などがあります。

　チョッパーは、直流電圧を変化させる回路のことで、チョッパーは「切り刻む」を意味します。つまり、電圧をスイッチのオン／オフで「切り刻む」ように制御するため、チョッパーの名称がつけられたようです。チョッパーにより切り刻むことにより、通電しているときと、通電

DC/DCコンバーター

DC　➡　DC/DCコンバーター（降圧）　➡　電圧が低いDC

DC　➡　DC/DCコンバーター（昇圧）　➡　電圧が高いDC

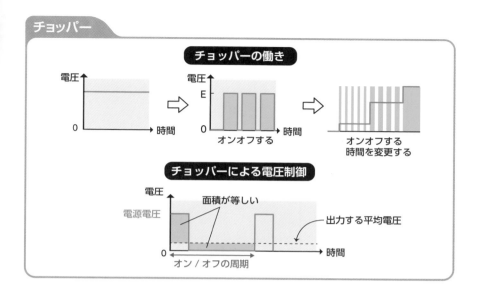

チョッパーの働き

チョッパーによる電圧制御

していない状態を切り換えることになります。チョッパーで電圧をオン/オフする時間の比率を変化させることで、電圧を連続的に変化させることが可能となります。

スイッチングレギュレーターは、入力回路と出力回路が絶縁されたDC/DCコンバーターで、変圧器を利用します。入力回路と出力回路のそれぞれのコイルが変圧器内部にあり、その間に生じる電磁誘導によって、電力が入力から出力に伝達されます。電圧のオン/オフだけでなく、コイルの巻数比などにより、電圧を調整することができます。

DC/DCコンバーターで電圧と電流を変化させることで、DCモーターであれば回転数とトルクを制御することができます。

スイッチングレギュレーターの回路図

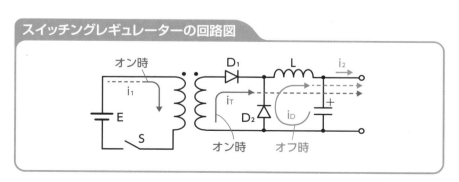

8-4 インバーターの原理

直流（DC）を交流（AC）に変換する回路がインバーターです。実際に変換させるためにさまざまな工夫がされています。

オン・オフで電力を直流から交流に切り替える

インバーターは、直流（DC）を交流（AC）に変換する回路のことを指します。

原理的には、プラスとマイナスが替わる2つの回路を用意し、電流の経路を切り替えることで直流を交流に変換します。切り替えスイッチは、トランジスターなどの半導体が使われます。ただし、オン

/オフの切り替えだけで交流にはなりますが、変換された交流は方形波（矩形波）にしかなりません。

そこで、なめらかに電圧・電流が変化する正弦波にするため、オン/オフの間の時間を徐々に変化させて、連続する正弦波に近づけます。これをPWM（Pulse

インバーターの図解

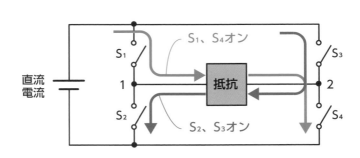

S1,S4をオンのとき, S2,S3はオフするように、交互にオンオフする。
S1,S4 オン：電流が右向きに流れる。
S2,S3 オン：電流が左向きに流れる。

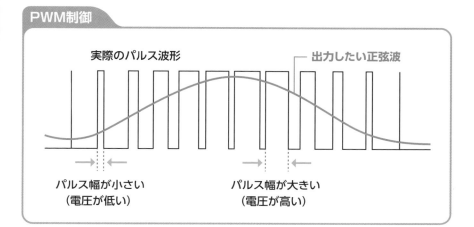

実際のパルス波形　　　　　　　　出力したい正弦波

パルス幅が小さい
（電圧が低い）

パルス幅が大きい
（電圧が高い）

Width Modulation)制御と呼びます。これを行うことで、変換された交流は正弦波状に変化します。

　直流を、交流モーターを回すための三相交流に変換するためには、プラスとマイナスを切り替えることのできる回路を3つ持った**三相ブリッジ**が使われます。オン/オフを行う半導体には、**IGBT**（Insulated Gate Bipolar Transistor：絶縁ゲート型バイポーラトランジスタ）が使われます。

　3つの回路のオン/オフを3分の1ずつずらすことで、出力された電流は三相交流となります。これにPWM制御を加えれば、正弦波の三相交流とすることができます。

三相ブリッジの構造と動作

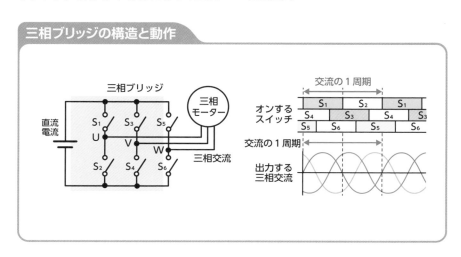

8-5 インバーターによるモーター制御

インバーターは、モーターのトルクや回転数を制御します。その回路はどのようなものになっているのかを解説します。

トルクを精密に調節するためにベクトル制御を行う

電気自動車（BEV）のモーターは、クルマのアクセルペダルで操作します。アクセルの操作はモーターのトルクの指令と考えることができます。そのときに行われる指令は、「$T＝K_t I$」というモデルで表します。Tはモーターが発生するトルク、K_tはそのモーターに固有のトルク定数、Iはモーターに流れる電流のことで、インバーターはこのモデルを使ってモーターの電流を制御します。

アクセルの操作で、インバーターには電流指令が与えられます。指令通りの電流を流すために行うのが電流制御です。実際にモーターに流れる電流を検出して、制御回路で望みの電流になるようにインバーターを調節しています。

自動車の駆動用モーターは、その多くが交流（AC）の永久磁石同期モーターです。永久磁石同期モーターを精密に制御するために**ベクトル制御**が使われます。モーターのローター（回転子）の回転位置を検出して、それに応じてモーターの電

回転数を上げたいのかでも、ゆっくりで、もっと力を出そうか

流の大きさや位相を定めます。そのため右ページ下図のようにローターの回転角度をインバーターの制御に使います。

誘導モーターも同じようにベクトル制御されています。自動車用のインバーターはモーターのトルクを制御するだけでなく、すべての運転状況でモーターの効率が高くなるように制御しています。

インバーターの電流制御

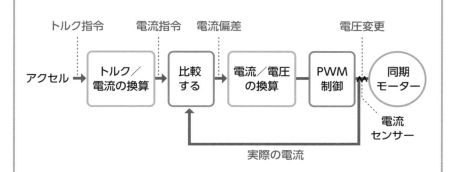

トルク指令　電流指令　電流偏差　　　　　　　電圧変更

アクセル → トルク／電流の換算 → 比較する → 電流／電圧の換算 → PWM制御 → 同期モーター

電流センサー

実際の電流

アクセルペダルの操作：モーターのトルクを指令する。
電流指令：トルクは電流に比例するので電流指令に変換する。
電流偏差：電流指令と実際の電流の差が制御する量になる。
電圧変更：インバーターはPWM制御で電圧を制御する。
その結果、実際の電流がアクセル操作に応じた大きさになる。

同期モーターのインバーター制御

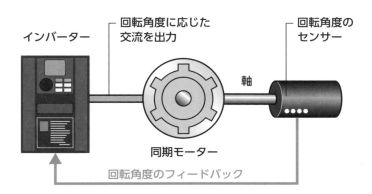

インバーター　　回転角度に応じた交流を出力　　回転角度のセンサー

軸

同期モーター

回転角度のフィードバック

同期モーターは電流の周波数に同期して回るのでインバーターは実際の回転数に応じて周波数を出力する。フィードバックしないと変速時やスタート時に同期モーターは失速してしまう。

8-6 インバーターの損失と冷却

インバーターが動作すると電力損失が発生して、それによって「熱」が出てしまいます。損失はどこで発生し、その熱をどのように対処するのでしょうか。

半導体素子で大きな損失が発生する

インバーターの損失はスイッチングに使う半導体素子で発生します。発生する損失は**オン損失**と**スイッチング損失**の2つです。

オン損失は、スイッチがオン（導通）のときの半導体素子の抵抗により生じます。抵抗に電流が流れるので損失が発生します。また、スイッチがオフからオン、オ

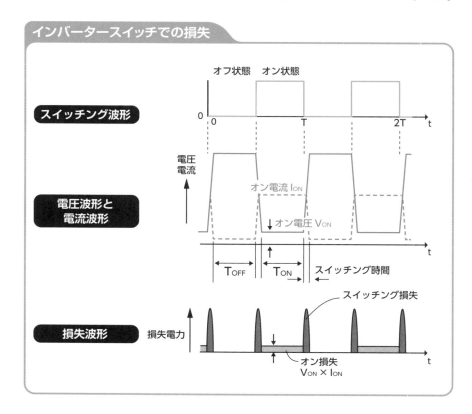

インバータースイッチでの損失

オフ状態　オン状態

スイッチング波形

電圧電流

電圧波形と電流波形

オン電流 I_{ON}

オン電圧 V_{ON}

T_{OFF}　T_{ON}　スイッチング時間

損失波形　損失電力

スイッチング損失

オン損失
$V_{ON} \times I_{ON}$

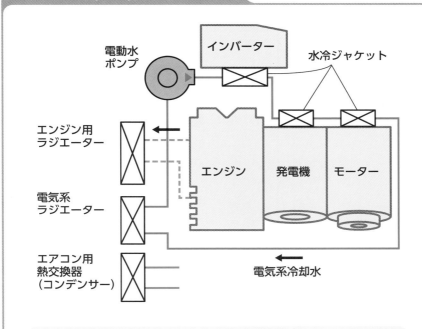

ハイブリッド車(HEV)の冷却システム

電動水ポンプ

インバーター

水冷ジャケット

エンジン用ラジエーター

エンジン

発電機

モーター

電気系ラジエーター

エアコン用熱交換器（コンデンサー）

電気系冷却水

電気系の冷却システムは電動ポンプで冷却水を各機器の水冷ジャケット（内部の冷却水の通路）に循環させ、フロントグリルにある専用ラジエーターで放熱する。

ンからオフに切り替わる瞬間にも**スイッチング損失**が発生します。スイッチングの時間は非常に短いため、1回の損失は小さいのですが、スイッチングの回数が増えると損失は大きくなります。損失は半導体素子の発熱になります。

インバーターのスイッチには**IGBT（絶縁ゲート型バイポーラトランジスタ）**などのシリコン系半導体が使われています。半導体には上限温度があり、150℃以上になると壊れてしまいます。

そのため、インバーターを冷却して温度上昇を抑えます。電気自動車（BEV）などの大出力のインバーターは水冷が採用されています。

ハイブリッド車（HEV）はエンジンがあるので常に冷却水でエンジンを冷却しています。ところが、加圧水を使うため水温は最高120℃になってしまいます。そのため、より低い温度になるように、エンジン用とは別に、インバーター専用の冷却水システムを利用しています。

8-7 DC/DCコンバーターを使ったハイブリッド車の制御

ハイブリッド車（HEV）ではモーターを制御するインバーターだけでなく、DC/DCコンバーターが搭載される場合があり、それが大きな役割を果たしています。

モーターの効率アップのために電圧をアップする

ハイブリッド車（HEV）はモーターを制御するためのインバーターが搭載されています。そして、そのほかにも、**高電圧のDC/DCコンバーター**が搭載されているものがあります。その目的は、**モーターの効率を高くすること**です。

モーターの損失のひとつに**銅損**があり

ます。これは、モーターのコイルの抵抗によって発生する熱の損失で、電流が大きいほど大きくなります。効率よくモーターを使うためには電流を低く抑える必要があります。

一方、低い電流で同じだけの電力を得るには、電圧を高くする必要があります。

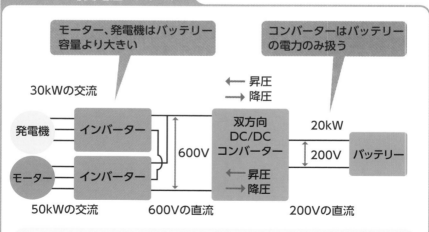

プリウスの可変電圧システム

モーター、発電機はバッテリー容量より大きい

コンバーターはバッテリーの電力のみ扱う

30kWの交流

← 昇圧
→ 降圧

発電機 ── インバーター

600V

双方向 DC/DC コンバーター

20kW

200V バッテリー

モーター ── インバーター

← 昇圧
→ 降圧

50kWの交流　　600Vの直流　　　　　　200Vの直流

高電圧(600V)の発電機およびモーターと、低電圧(200V)のバッテリーの間で昇圧または降圧を行う。双方向DCDCコンバーターの容量(kW)はバッテリーの容量と同じなので、モーターの出力より小さい。

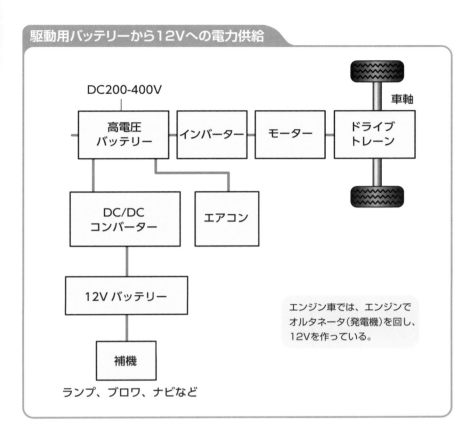

駆動用バッテリーから12Vへの電力供給

DC200-400V

| 高電圧バッテリー | インバーター | モーター | ドライブトレーン |

車軸

DC/DCコンバーター　エアコン

12Vバッテリー

補機

ランプ、ブロワ、ナビなど

> エンジン車では、エンジンでオルタネータ（発電機）を回し、12Vを作っている。

しかし、バッテリー電圧より高くすることはできません。

その**解決策がDC/DCコンバーター**です。バッテリーとインバーターの間にDC/DCコンバーターを置き、インバーターに送る電圧を高め、逆にバッテリーに送る電圧を下げます。これにより、モーターの損失が小さくなり、効率をアップすることが可能となります。

ただし、このやり方はハイブリッド車（HEV）だけが可能です。じつはDC/DC

コンバーターからも損失が発生します。ハイブリッド車（HEV）のDC/DCコンバーターはバッテリー容量だけの大きさで済みますが、電気自動車（BEV）はモーターの最高出力に対応する大きさが必要になります。そのためモーターの効率が高くてもDC/DCコンバーターの損失分で帳消しになってしまうのです。

なお、電動車（xEV）には電装品に12Vを供給するためのDC/DCコンバーターも搭載されています。

155

8-8 シリコンカーバイド(SiC)と窒化ガリウム(GaN)

> より高性能なインバーターを実現するために採用がはじまったのがシリコンカーバイド(SiC)です。その特性とメリット、課題を解説します。

パワーデバイスは優れた特性を備えた次世代の半導体

　インバーターなどのパワーエレクトロニクスの中心的役割を担う半導体素子は**パワーデバイス**と呼ばれています。半導体といえば、LSIなどの集積回路をイメージしますが、それらは信号や情報を扱います。一方で電気自動車(BEV)などに使われる大電力を制御する半導体素子は、パワーデバイスと呼ばれています。

　現在、パワーデバイスとして使用されるものの主流が**IGBT(Insulated Gate Bipolar Transistor)**と呼ばれるトランジスターです。現在、IGBTには、**シリコン(Si)系**の素材が使われています。

　それに対して、より優れた性能を持つ半導体を開発するため、新たに**シリコンカーバイド(SiC：炭化ケイ素)**や**窒化ガ**

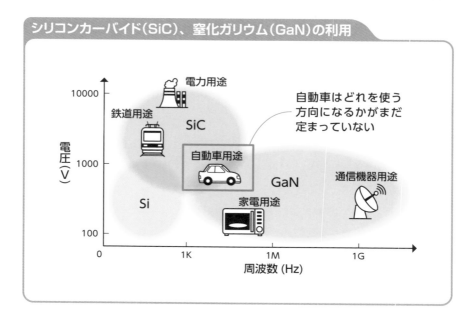

シリコンカーバイド(SiC)、窒化ガリウム(GaN)の利用

電力用途

鉄道用途

SiC

自動車はどれを使う方向になるかがまだ定まっていない

自動車用途

GaN

通信機器用途

Si

家電用途

電圧(V)

周波数 (Hz)

リウム（GaN）などの素材が注目されています。これらの素材は、シリコンよりも、絶縁耐圧、熱伝導度、動作速度などが優れるため、より高性能なパワーデバイスを作ることが可能となります。

　具体的にいえば、SiCを使えば厚みを10分の1にしても同じ電圧に耐えることが可能になります。また、動作温度を高くすることや、損失を小さくすること、動作を早めることも期待できます。

　ただし、製造にかかるコストや品質維持などさまざまな課題が残っています。一部で採用ははじまりましたが、本格導入は今後の開発に期待を寄せる状況です。

トヨタによるSiCとSiの比較

左：シリコンパワー半導体採用PCU（現行品）、右：SiCパワー半導体採用PCU（目標サイズ）

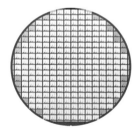

左：シリコンパワー半導体ウエハー（トランジスター）　右：SiCパワー半導体ウエハー（トランジスター）

トヨタが(株)デンソー、(株)豊田中央研究所と共に開発し、2014年に発表した「SiCパワー素子」

出典：トヨタリリース

157

8-9 電気自動車(BEV)と 電磁ノイズ

電気自動車(BEV)には数多くの電子機器が搭載されています。それらの機器は電磁ノイズで誤作動せず、車外にも悪影響が出ないことが求められます。

誤動作せずにほかの機器に悪影響を及ぼさない、これが電磁ノイズ対策では重要

　電気自動車(BEV)は、インバーターなど数多くの電子機器が搭載されています。それらの電子機器機がインバーターなどの電磁ノイズで誤動作せず、また車外の電子機器などに悪影響を与えないことが求められています。これらの電磁的な性能は、**電磁両立性(EMC:Electro Magnetic Compatibility)** と呼ばれています。ほかの機器に悪影響を与えないことを**電磁妨害(EMI:Electro Magnetic Interference)**、外部の電磁ノイズで誤動作しないことが**電磁感受**

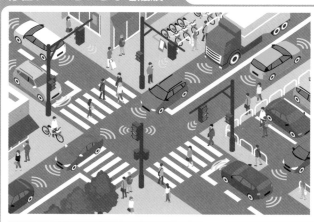

存在するいろいろな電磁波

情報系
- VICS(電波) 2.5GHz/64Kbps
- VICS(光) 850nm/1Mbps
- Bluetooth 2.4GHz
- GPS 1.5GHz
- ETC/DSRC 5.8GHz/1Mbps

放送		車両制御	
デジタルTV	470MHz〜710MHz	スマートエントリー	312MHz/125KHz
AMラジオ	522KHz〜1629KHz	タイヤ空気圧センサー	315MHz
FMラジオ	76MHz〜90MHz	イモライザー	134.2KHz
		ミリ波レーダー	24GHz/76GHz

性（EMS：Electro Magnetic Susceptibility）で、これを両立させるのがEMCです。

　ちなみに、ラジオの場合、AM放送は、電磁ノイズが音として介入してしまいます。電磁ノイズがガリガリという音になってしまうのです。一方、FM放送は、ノイズがある部分が無音になります。そのため、一般的にAM放送のほうが電磁ノイズに弱いとされています。

　そして、電気自動車（BEV）には数多くの電子機器が搭載されており、その対策に手間がかかるため、優先度が低いAM放送のラジオが後回しにされることもあります。つまり、ラジオがあってもAM放送が省かれていることがあるのです。もし、乗ってみた電気自動車（BEV）のラジオにAM放送がついていない場合は、電磁ノイズの対策のために省かれたのかもしれません。

EMI・EMS対策

EMI（電磁妨害）対策

時計　鉄道　AM&FMラジオ　テレビ　スマートフォン　LAN

通信障害

モーターノイズ　　インバーターノイズ

安全走行に関わるシステム障害

送電線　　レーダー　　CB無線

EMS（電磁感受性）対策

電気自動車（BEV）にはEMC性能に関する規制も存在する。

8-10 イーアクスル(e-Axle)の ポテンシャル

 電動車両(EV)のパワートレーンとして普及が進むのがイーアクスルです。どのようなしくみと特徴を備えているのでしょうか。

モーターと制御系などを一体化して 小型化、軽量化、低コスト化を実現

電気自動車(BEV)やハイブリッド車(HEV)の4WD用として採用を広げているのがイーアクスル(e-Axle)です。

イーアクスルは、電動車両のパワートレーンとなる「モーター」、「インバーター」、「ギヤ」を一体化したものを指します。前輪だけに1つ使えば前輪駆動、前後輪に使えば4輪駆動、FFのハイブリッド車(HEV)の後輪に使って4輪駆動にすることが可能となります。

イーアクスルの構成

| ギア | モーター | インバーター |

イーアクスルはパワートレーン(モーター、インバーター、ギア)を一体化したものである。

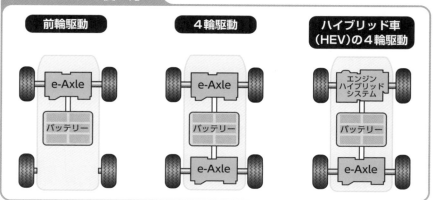

イーアクスルの使い方

前輪駆動

e-Axle

バッテリー

4輪駆動

e-Axle

バッテリー

e-Axle

ハイブリッド車 (HEV)の4輪駆動

エンジン
ハイブリッド
システム

バッテリー

e-Axle

イーアクスルは、それまでバラバラであったパワートレーンが一体化するため、**小型化、軽量化、低コスト化が可能**です。日産の電気自動車「リーフ」は、2012年のマイナーチェンジでパワートレーンを一体化したイーアクスルを採用しました。このことで重量が80kgも軽くなっています。また、一体化によりケーブルがなくなり、そこからの放射ノイズも発生しなくなります。

さらに、電気自動車(BEV)などの開発が従来よりも容易になります。そのため、新興メーカーでも短い時間で製品化しやすくなります。サプライヤー目線でいえば、モーターやギヤといった部品はティア2的でしたが、それをまとめるイーアクスルは、ティア1の製品となります。

今後、イーアクスルは、より高性能化を求めてギヤの小型化や多段化、幅広い出力製品ラインアップの強化などが進むことが予測されます。

日産の次世代パワートレーン

モーター

インバーター

減速機

3-in-1 for EV

出典:日産リリース

8-11 パワーエレクトロニクスの課題

パワーエレクトロニクスの進化は電気自動車（BEV）の普及にとって欠かせないものです。今後、どう進化していくのか、喫緊の課題を見ていきます。

電気自動車（BEV）の普及では 充電器の効率アップが喫緊の課題

パワーエレクトロニクスの今後の課題は、数多く存在します。

まず、損失が小さく高温に強い**シリコンカーバイド（SiC：炭化ケイ素）**などの新たな半導体素子の導入の拡大です。そのためには、製造コストの低下が必須となります。また、シリコンカーバイドの導入にあわせて、電磁ノイズの低減も進めなければなりません。

機器の小型化も課題のひとつです。内部部品の配置や配線の工夫、コネクタの省略などにより、小型化が実現します。

そのほか、800Vバッテリーの採用のような高電圧化も進むでしょう。高電圧化により、高効率化や充電時間の短縮が実現します。また、扱う電圧が高くなれば、絶縁が厚くなるので、同時に冷却能力も強化しなくてはなりません。

イーアクスル（e-Axle）に関しては、インバーターとモーターの一体化が進み、さらなる小型化がなされるはずです。

ただし、喫緊のパワーエレクトロニクスの課題は車載充電器にあります。現在、モーターなどは90％台後半の効率を達成しています。ところが充電器の効率はいまだに80〜90％台です。充電器の部分で大きな損失が発生しているのです。そのため現在は、どこの自動車メーカーも充電器の効率向上に注力しています。

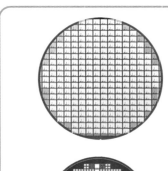

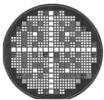

コストダウンによる普及が望まれる SiCウエハー

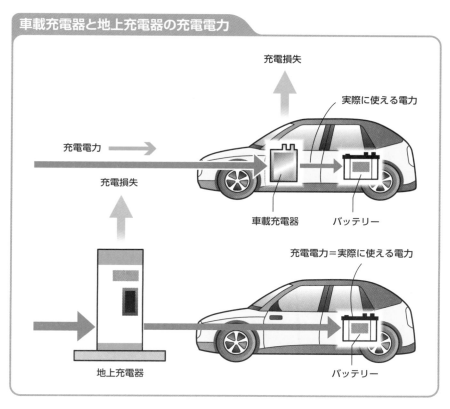

車載充電器と地上充電器の充電電力

充電損失

実際に使える電力

充電電力

充電損失

車載充電器

バッテリー

充電電力＝実際に使える電力

地上充電器

バッテリー

周辺機器との一体化で、さらなる小型化や
多様化が求められるイーアクスル（e-Axle）

電気自動車(BEV)の メンテナンス

エンジンに関する整備以外は エンジン車とそれほど変わりがない

電気自動車(BEV)は、エンジン車よりも部品点数が少ないといわれています。それは、膨大な部品の塊であるエンジンに対して、モーターがかなりシンプルな構造をしているのが理由です。また、モーターはシンプルな分だけ、故障しにくいのも特徴です。そのため、電気自動車(BEV)のメンテナンスは、ほとんど手がかからないと考える人がいるかもしれません。

しかし、それは間違いです。冷静になって考えてみれば、エンジン車と電気自動車(BEV)で、異なるのは動力源だけであり、それ以外の部品は同一です。たとえば、電気自動車(BEV)は、モーターを利用した回生ブレーキを用いるため、油圧ブレーキの使用頻度は下がりますが、油圧ブレーキが不要になるわけではありません。さらに、現在のところ電気自動車(BEV)の補機類には、エンジン車と同じ12Vバッテリーが搭載されています。つまり、電装品関係もほとんど変わりないどころか、逆に電気制御関係の部品は増えています。

そのため実際のメンテナンスの内容をエンジン車と電気自動車(BEV)と比較してみれば、その差が意外に少ないことに気付くはずです。電気自動車(BEV)で不要になるのは、日常点検では、エンジンオイルの確認程度です。車検での部品の定期的な交換も、エンジンオイルとフィルター、エアフィルター、そしてスパークプラグ程度しかありません。

もちろんメンテナンスにおいて、エンジン関連がなくなるのは、小さなものではありません。しかし、ブレーキパッドの交換は、頻度こそ減るものの、ゼロにはなりません。「エンジン関係が減って少し楽になったな」という程度に考えていたほうが実情に近いのでしょう。

日常点検の項目

	作業内容	エンジン車	BEV
ステップ1	エンジンルーム内の目視点検		
1	ウィンドウ・ウォッシャー液の量	○	○
2	ブレーキ液の量	○	○
3	12Vバッテリー液の量	○	○
4	冷却水(クーラント)の量	○	○
5	エンジンオイルの量	○	×
ステップ2	クルマのまわりの目視点検		
6	タイヤの空気圧	○	○
7	タイヤの亀裂・損傷および異常な摩耗	○	○
8	タイヤの溝の深さ	○	○
9	ランプ類の点灯、点滅及びレンズの汚れ、損傷	○	○
ステップ3	運転席での動作点検		
10	ブレーキ・ペダルの踏みしろ及びブレーキの効き	○	○
11	パーキングブレーキ・レバーの引きしろ	○	○
12	ウインド・ウォッシャーの噴射状態	○	○
13	ワイパーのふき取り状態	○	○
14	エンジンのかかり具合及び異音	○	○
15	エンジンの低速及び加速の状態	○	○

ハイブリッド車(HEV)の主な定期交換部品

品名	HEV	BEV
12Vバッテリー	○	○
スパークプラグ	○	×
エンジンオイル	○	×
オイルフィルター	○	×
冷却水(クーラント)	○	○
ATフルード	○	○ (トランスアクスル用)
ブレーキ液	○	○
ブレーキパッド	○	○
エアフィルター	○	×

第 9 章

充電の技術

Technology for charging electric vehicles

電気自動車（BEV）に欠かせないのが充電です。充電は、電気自動車（BEV）で日常的に使う重要な技術です。そこに使われている技術のしくみや、普及のための課題、さらには次世代の充電技術などを紹介していきます。

9-1 電気自動車(BEV)充電の基本

電気自動車(BEV)は、走行するための電力を充電しなくてはなりません。具体的にいうと、充電には交流(AC)と直流(DC)の2種類があります。

交流(AC)方式は車載充電器、直流(DC)方式は地上充電器

電気自動車(BEV)には充電が不可欠です。また、電気自動車(BEV)だけでなく、プラグインハイブリッド車(PHEV)も同じように充電が必要です。

充電には2つの方式があります。それは**交流(AC)方式と直流(DC)方式**です。

交流(AC)方式は、家庭用の単相電源から充電します。一般的に普通充電と呼ばれています。直流(DC)方式は、地上充電器から充電します。普通充電に対し、急速充電と呼ばれます。

交流(AC)方式では車載充電器を使い、

車載充電器と地上充電器

車載充電器

地上充電器

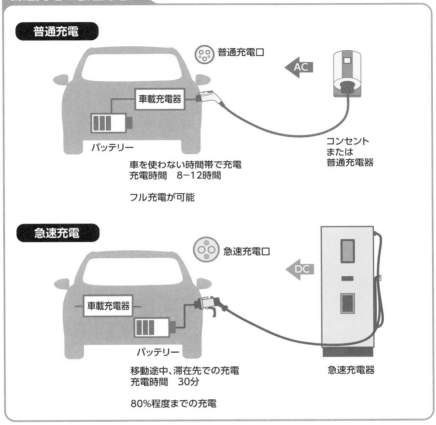

普通充電と急速充電

普通充電

普通充電口

AC

車載充電器

バッテリー

コンセント
または
普通充電器

車を使わない時間帯で充電
充電時間　8−12時間

フル充電が可能

急速充電

急速充電口

DC

車載充電器

バッテリー

移動途中、滞在先での充電
充電時間　30分

80%程度までの充電

急速充電器

直流（DC）方式では地上充電器を使います。一部の充電設備には交流（AC）方式で充電できる普通充電器が備えられている場合もあります。

　交流（AC）方式の充電器は車載するため、小型軽量であることが求められています。また、使える電力が小さく、そのため充電をゆっくりと行うことになりますが、満充電まで充電できます。

　一方、直流（DC）方式の充電器は車外に設置するため、サイズや重さの制約があまりありません。また、三相電源を使えるため、電力が大きいので充電時間を短くすることが可能です。ただし、大電流なのでバッテリーを損傷しないよう80%程度までしか充電せず、さらに様々な車に充電するため、車両と充電器の間で情報を通信する必要があります。

9-2 充電の制御

> 効率よくバッテリーへ充電するためには、バッテリーの状態にあわせた充電の方法が必要です。充電器の制御方法について解説します。

状況ごとに電圧と電流をコントロールして充電を進める

　電気自動車（BEV）やプラグインハイブリッド車（PHEV）への充電は、できるだけ早く行うのが理想ですが、損失は少なく、そしてバッテリーが劣化しにくいということも求められます。

　一方、バッテリーは充電することによって温度が上昇します。そのため、バッテリーが損傷しないように、バッテリーの状態にあわせて電流を制御して充電を進めます。

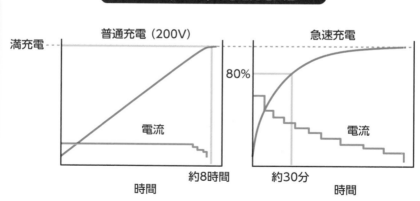

充電パターンの代表例

普通充電（200V）と急速充電の違い

急速充電は充電電流が大きいため、早い段階から上限電圧になり、電流を下げていく。
普通充電は充電電流が小さいため、満充電付近で電流を下げていく。

出典：自動車ハンドブック

バッテリーの制御

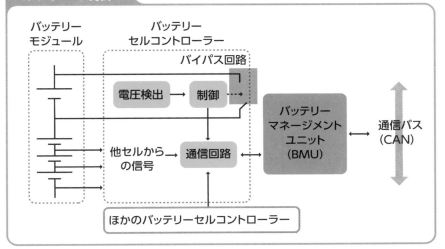

バッテリーモジュール

バッテリーセルコントローラー

バイパス回路

電圧検出 → 制御 ‥‥▶

他セルからの信号 → 通信回路

バッテリーマネージメントユニット（BMU）

通信バス（CAN）

ほかのバッテリーセルコントローラー

普通充電では、充電率（SOC）が低いときは、なるべく大きい一定の電流を流す定電流充電を行い、SOCが高くなると徐々に電流を低下させます。一方、急速充電では、バッテリーが損傷しない電圧でSOCやバッテリーの温度に応じてできるだけ大きな電流を流します。

電気自動車（BEV）などのバッテリーモジュールは、多数のセルを組み合わせているため、直列接続されたバッテリーの充電量の均等化も行われています。具体的にはバッテリーのセルごとの電圧をつねに監視するバッテリーセルコントローラーが、セルのバランス調整や異常時にバイパス回路を使って電流をパスさせています。

バッテリーセルコントローラーの上位としてバッテリー全体を監視する**BMU（バッテリー・マネージメント・ユニット）**が存在します。

バッテリーの充電率SOC（State of Charge）

バッテリーの充電状況を表す指標となるのがSOC（State of Charge）です。一般的に0％や100％に近い部分は、充電効率が悪く、しかもバッテリーが劣化するので、通常はSOC25〜75％程度で使用するのがベストと考えられています。電気自動車（BEV）は上限も下限もなるべく広く使いますが、ハイブリッド車（HEV）はより狭い範囲で使われます。

9-3 交流(AC)充電

 家庭に配電されている交流(AC)電流を使って行う充電が交流(AC)充電です。必要機器や方法について見ていきます。

交流(AC)電流は車載充電器で直流(DC)に変換する

家庭用などの単相電源の交流(AC)電流を使って行う充電が**交流(AC)充電方式**となります。

家庭用のコンセントから、**車載充電**ケーブルセット(プラグ／コントロールボックス／充電用コネクタ)を使って電気自動車(BEV)もしくはプラグインハイブリッド車(PHEV)と接続します。

交流(AC)充電の基本構成

充電用コンセント

コントロールボックス

車両の充電口

AC

電源プラグ

充電用コネクタ

AC充電用コネクター

日本では、充電用のコンセントは自動車用の専用品を使用し、充電中にプラグが抜けないようにロックがかかるなどの工夫が施されています。コントロールボックス内には、電源側に設置された漏電ブレーカーとの双方向通信機能が備えられています。

コンセントからクルマに交流（AC）で供給された電流は、車載の充電器でバッテリー電圧の直流（DC）に変換され、**搭載されている駆動用バッテリーに充電**します。家庭用の単相電源での交流（AC）充電方式で供給できる電力は1.5～4kW程度です。

充電用コンセント以外にも、**交流（AC）充電用の普通充電器も存在**します。スタイルとしては、スタンドとしての自立型と壁掛け型がありますが、どちらも充電ケーブル／コントロールボックス／充電コネクタは、スタンド側についており、車載ケーブルは使いません。

規格化されている充電用コンセント

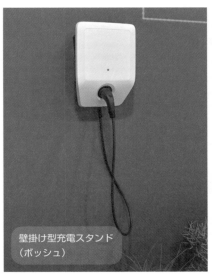

壁掛け型充電スタンド（ボッシュ）

テゴチャージの自立型普通充電スタンド

9-4 直流(DC)充電

 直流(DC)充電は大きな電力を使えるため、充電時間が短く、急速充電と呼ばれます。そのしくみと特徴を解説します。

動力用電源から大電力を供給。
今後さらなる出力アップが求められる

　直流(DC)方式は、家庭用の単相交流電源ではなく、工場の動力などに利用される**三相交流電源を利用するのが特徴**です。家庭用のコンセント経由ではないため、より大きな電力を使用することができます。そのため、交流(AC)方式よりも充電時間が短く、直流(DC)方式は**急速充電**と呼ばれています。

急速充電のしくみ

普通充電　　急速充電　　充電口

急速充電器

コネクター

車へ接続

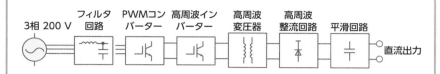

急速充電器の回路

フィルタ回路　PWMコンバーター　高周波インバーター　高周波変圧器　高周波整流回路　平滑回路

3相 200 V → 直流出力

急速充電器は、三相交流→直流→高周波の交流→バッテリー電圧の直流、という電力変換を何段階も行う。
電力が大きいので高調波電流を系統に流出させないためのフィルタがどうしても必要である。

直流（DC）方式の充電器は**地上に設備されるので大型**です。その機能は、いわば大容量のAC/DC変換回路というもので、三相200Vの交流をバッテリー電圧の直流に変換します。50kWを超える大出力のものもあります。

直流（DC）方式は、交流（AC）方式よりも短い時間で充電できるため、**外出先での充電方法として活用**されることになります。高速道路のSA/PAや、道の駅など、長距離移動の途中に立ち寄ること

のできる場所を中心に設置されます。また、充電器の設置や維持にかかる費用は大きく、個人で所有することが難しいのも特徴です。そのため、直流（DC）充電の施設は公共設備（インフラストラクチャー）と考えられます。

現状では、電気自動車（BEV）に搭載されるバッテリーの容量は増える一方です。それに対応するため、**公共の直流（DC）充電施設は施設を増やすだけでなく大出力化**も必要です。

高速道路にある急速充電器

高速道路の急速充電器を示す案内

175

9-5 直流(DC)充電器の通信方式 (チャデモ、コンボ、テスラ)

> 直流(DC)方式には複数の方式が存在します。どのような方式が存在しているのか紹介しましょう。

地域で見ても北米、欧州、中国、日本と複数ある充電プロトコル

直流(DC)方式は、**充電器が地上設備であるのが特徴**です。そのため、どんなクルマで、バッテリーの状態がどうなのかなどにより、充電電流を制御するための通信が欠かせません。

そうした通信方式とともに充電用コネクタの形状には規格が用意されていますが、現在のところ、世界で複数の方式が存在します。

日本は**チャデモ(CHAdeMO)**、通称コンボと呼ばれているアメリカのCCS1(Combined Charging System 1)、欧州のCCS2(Combined Charging System 2)、中国のGB/T、テスラ社によるNACS(North American Charging Standard)があります。

日本は、チャデモの次の進化として中国と共同で**チャオジ(Chao Ji)**を開発していく計画です。日本と中国で規格が統一されるのは、ユーザーにとって大きな利益になります。

とはいえ、現実にはまだまだ複数の充電方式が存在しています。そのため、アダプターを使って複数の充電方式に対応するという車両側の工夫や、1つの充電器に複数の充電用コネクタが装備されている設備も設置されています。充電方式の統一がなされるまでは、そうした柔軟な対応がなされることでしょう。

チャデモ

CCS

GB/T

テスラ

チャオジ

9-6 非接触充電

未来の充電方式として期待されているのが非接触充電です。メリットの多い方式ですが、どのようなしくみで電力を伝えているのかを解説します。

数多くの非接触充電方式が開発中でさらなる進化が期待されている

電気自動車（BEV）などへの充電方式には2つの方式があります。ケーブルを接続して充電するものを**接触充電方式**と呼んでいます。

一方、車両と送電側が離された状態で電力エネルギーを受け渡す方式は**非接触**充電方式と呼ばれます。スマートフォンの充電でも使われている、いわゆるワイヤレス充電です。

非接触充電方式は、充電部が露出しないため安全性が高く、プラグの脱着がなく容易など、多数のメリットがあります。

地上コイルによる駐車中の非接触充電

充電設備

車上コイル（2次コイル）

バッテリー

地上コイル（1次コイル）

駐車場所の地面に埋め込まれた地上コイルから充電する。その位置にピタッと駐車しないと充電がうまくできない。

また、非接触であれば走行中に給電できるというアイデアもあり、**次世代の充電方式として期待される充電方式**です。

具体的な方法として、**電磁誘導方式、磁界共振方式、マイクロ波方式**など複数の方式が存在します。

電磁誘導方式は、地上側と車両側の2つのコイルを変圧器の1組の巻線として考えます。2つのコイルの距離が近づけば、磁気的に結合するため、電磁誘導によりエネルギーが伝達されます。

磁界共振方式は、電磁誘導方式の2つのコイルを同じ周波数で共振させ、共振電流によってエネルギー伝達距離を伸ばしたものとなります。

マイクロ波方式は、電力をマイクロ波に変換して放射し、受信した車両側で電力に変換します。送電側と受電側の位置関係が多少あいまいでも、問題ないのがメリットとなります。

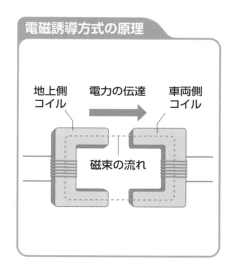

電磁誘導方式の原理

地上側コイル　電力の伝達　車両側コイル

磁束の流れ

非接触充電

走行中給電のしくみ

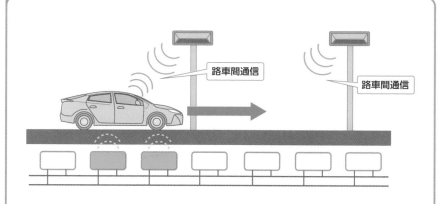

路車間通信

路車間通信

路車間通信を使って、車が来た時だけ道路に埋め込まれた地上コイルに電流を流す。道路全体に配置するのではなく、赤信号で止まる位置だけに設置することも考えられている。

9-7 充電ネットワーク

電気自動車（BEV）は、バッテリーに充電しないと走行できません。そのために必須となるのが充電ネットワークです。

電気自動車（BEV）普及のカギとなる 充電ネットワーク

電気自動車（BEV）は電気を使い果たすと走行できなくなります。そのため、自宅などでの充電（基礎充電）はもちろん、外出先にも充電設備が必須となります。

つまり、電気自動車（BEV）の普及には、**電気自動車（BEV）が走行する範囲、すなわち全国津々浦々に充電ネットワークを構築する必要**があるのです。

さらなる急速充電システムの普及も必要不可欠である。

そうした充電ネットワークは、公共設備（インフラストラクチャー）となる存在です。

経済産業省は2023年10月に、「**充電インフラ整備促進に向けた指針**」を発表しました。それによると、「現在の公共用の急速充電器約3万基を2030年までに30万基に拡大」、「急速充電器の高出力化（高速道路では現在の50kWを90kWに。高速以外でも50kW以上を目安に）」としています。

また、現状では普及の進んでいない**集合住宅への普通充電設備の設置拡大も必要**とし、2030年における集合住宅と月極駐車場などの普通充電設置数10〜20万口の目標が設定されています。

日本の場合、持ち家率が約53％あり、欧州（ドイツ28％など）よりも高いものの、やはり集合住宅や月極駐車場への普通充電の設置は必須です。

ふだん車両を自宅に置いたときに行う普通充電が電気自動車（BEV）の基礎充電となるので、集合住宅と月極駐車場の充電設備の一刻も早い普及が望まれます。

充電インフラ整備促進に向けた指針

ポイント	内容	狙い
世界に比肩する目標設定	充電器設置目標を倍増（2030年までに15万口→30万口）、総数・総出力数を現在の10倍に	日本として、電動化社会構築に向け充電インフラ整備を加速
高出力化	急速充電は、高速で90kW以上で150kWも設置。高速以外でも50kW以上。平均出力を倍増	充電時間を短縮し、利便性の高い充電インフラを整備
効率的な充電器の設置	費用対効果の高い案件を優先（≒入札制の実施）	費用逓減を促進し、充電事業の自立化を目指す
規制・制度等における対応	充電した電力量（kWh）に応じた課金に、25年度から実現。商用車中心にエネマネを進めコスト低減	ユーザー・事業者双方に持続的な料金体系の実現。商用車の負荷を平準化・分散化

出典：経済産業省（2023年10月）

181

9-8 V2H(ビークル・トゥ・ホーム)

電気自動車(BEV)には大きなバッテリーが搭載されています。その電力をふだんの生活でも利用することができます。

電気自動車(BEV)のバッテリーを活用。その前提となるのがHEMS

　電気自動車(BEV)には大容量のバッテリーが搭載されています。それを走ること以外にも活用することができます。そのひとつが**V2H(Vehicle to Home)**です。

　V2Hは、電気自動車(BEV)に搭載されたバッテリーの電力を家庭で使用することを意味します。

　その前提となるのが**HEMS(Home Energy Management System：家**

HEMS(ホーム・エネルギー・マネージメント・システム)の概念

太陽光発電

照明器具　エネファーム

電力会社

スマートメーター

HEMS

蓄電池　エアコン　エコキュート

電気自動車

HEMS　　　　　V2H

庭エネルギー管理システム)です。HEMSによって家庭で使用する電力やガスなどのエネルギーを一括管理し、どれだけのエネルギーを使ったのかを「見える化」して最適に制御します。

このHEMSに大容量のバッテリーを搭載する電気自動車(BEV)を接続することで、電力を賢く利用することが可能になります。電気料金のもっとも安いタイミングで電気自動車(BEV)に充電し、家庭で使う電力のサポートを行えます。

また、太陽光発電を組み合わせれば、昼間に発電した電力を電気自動車(BEV)に蓄えることもできます。万一の災害で停電になっても、電気自動車(BEV)が非常用の電源の役割を果たします。

最近では電気自動車(BEV)だけでなく、プラグインハイブリッド車(PHEV)にもV2H、またはAC100Vでの給電能力を備えた車両も増えています。電動車(xEV)は、移動できる電源という側面も備えているのです。

出典：トヨタ

9-9 V2GとVPP

電気自動車(BEV)を電力系統(Grid)に接続することで、より大きな役割を果たすことが可能になります。

世の中の電力の安定に貢献するV2G、そしてVPP

電気自動車(BEV)を**電力系統(Grid)**に接続して利用することを、**V2G(Vehicle to Grid)**と呼びます。

電気自動車(BEV)は充電するだけでなく、V2Gによってバッテリーの電力を電力系統(Grid)に戻すことも行い、電力需給の調整役を担うことも可能になる

のです。

このとき、そうしたV2Gを実施する際に、電気自動車(BEV)と電力系統(Grid)との仲介役となって電力の調整管理を行う業者は、アグリゲーターと呼ばれています。

風力や太陽光などによる再生可能電源

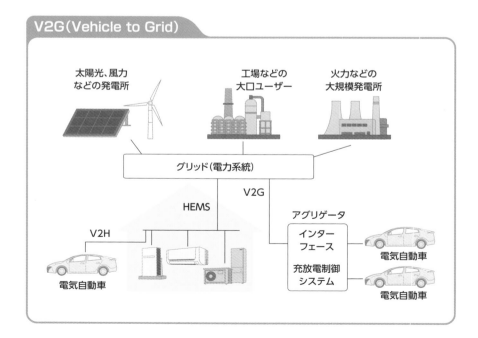

V2G(Vehicle to Grid)

太陽光、風力などの発電所

工場などの大口ユーザー

火力などの大規模発電所

グリッド(電力系統)

V2G

HEMS

アグリゲータ

V2H

インターフェース

充放電制御システム

電気自動車

電気自動車

電気自動車

は発電量が調整できないので、需給に応じて電力の貯蔵放出が必要です。再生可能電源と需給調整用エネルギー貯蔵をあわせると仮想の発電所とみなすことができます。

そうした仮想の発電所はＶＰＰ（Virtual Power Plant）と呼ばれます。電気自動車（BEV）が普及した際のV2Gによって、電気自動車（BEV）がVPPの電力調整力として大きく期待され、各地で実証実験が行われています。

ただし、VPPには問題も存在します。それは、電気自動車（BEV）を提供する側のメリットがないことです。「愛車の充電状況が勝手に変化されて使いにくい」、「電池が酷使されて劣化する」など、その解決方法などが、VPP実用化のための課題となります。

VPP（Virtual Power Plant）のイメージ

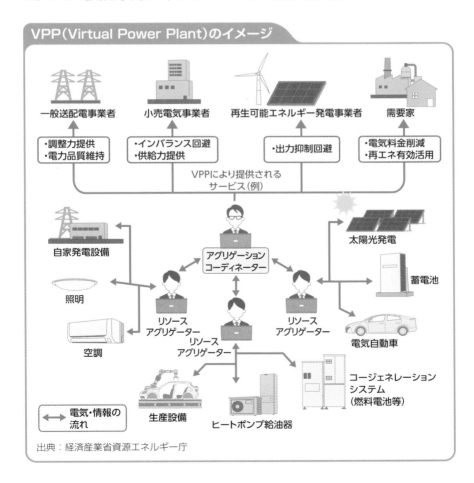

出典：経済産業省資源エネルギー庁

急速充電の支払い方法

支払いにカードは必須
独立系かメーカー系のどちらかを選ぶ

電気自動車（BEV）を所有すれば、当然、出先での急速充電を行う機会があると思います。そこで必要となるのが充電カードです。急速充電のサービスを受けるには、クレジットカードと紐づいた充電カードが必要です。充電カードなしで充電する場合、「ビジター利用」、「ゲスト利用」と呼ばれ、こうした利用では充電カードに比べると料金は少し割高に設定され、また認証などの手間がかかるため、現実的には充電カードを入手するのが一般的です。

充電カードは大きく分けて、独立系と自動車メーカー系の2種類があります。独立系は、所有する電気自動車（BEV）が、どのメーカーでもかまいませんが、自動車メーカー系の場合、そのメーカーの車両を持つ人しか加入できません。

2023年末の時点では、独立系の充電カードは「e-Mobility Power（eMP）」と「おでかけCard」の2種類があります。自動車メーカー系は、日産、三菱、トヨタ、ホンダ、アウディ、ジャガー、BMW、フォルクスワーゲン、メルセデス・ベンツ、ランドローバーなど多数あります。

利用料金は、月々の基本料金＋急速充電の使用料金となっているカードが多いようです。急速充電の使用料金は、1分あたりで定められており、料金プランによって8.8円/分〜99円/分まで、大きな差があります。ただし10円/分以下のプランは少なく、17〜40円あたりが多いようです。

ちなみに、急速充電は電力料金ではなく、時間あたりの設備の使用料金です。ただし、急速充電の使用は30分までとなっています。

また、充電カードは普通充電の充電器にも対応可能です。

プラン選びの目安

プラン名	プレミアム100 目安走行距離 600km以内/月	プレミアム200 目安走行距離 1,350km以内/月	プレミアム400 目安走行距離 1,350km以上/月	シンプル ほとんど 自宅で充電
月額基本料金	4,400円/月	6,600円/月	11,000円/月	1,000円/月
プランに含まれる充電分数	急速充電 100分 / 普通充電 600分	急速充電 200分 / 普通充電 600分	急速充電 400分 / 普通充電 600分	なし すべて従量課金

プラン以上に充電する場合

	プレミアム100	プレミアム200	プレミアム400	シンプル
急速充電	44円/分	38.5円/分	33円/分	99円/分
普通充電		3.3円/分		3.3円/分

4種類のプランがあり、「プレミアム」という名のプランは、無料で使える充電分数が月額料金に含まれている。また、それを超える時間充電すると、そのつど別途料金が発生する。

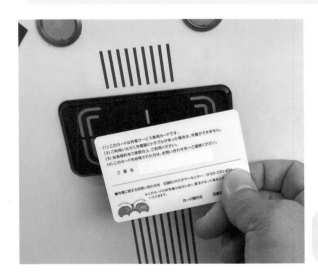

急速充電にはクレジットカードと紐づいた充電カードが必要になる。

コラム

第10章

自動運転技術

Autonomous Driving Technology

クルマの電動化とともに、次世代の自動車技術として期待されているのが自動運転技術です。どのような技術なのか。また、この実現により、どのような未来が待っているか。そして、実用化に向けて現在直面している課題は何か？　などを解説していきます。

10-1 自動運転に必要な機能

自動運転の完全実用化はだれもが待ち望んでいることです。そのためには、自動運転システムが人間と同じ認知・判断・操作を行う必要があります。

クルマの運転は認知・判断・操作を繰り返している

　自動運転を実現するためには、クルマのシステムが人間のドライバーと同じことを行う必要があります。では、クルマを運転するドライバーは、何を行っているのでしょうか。

　ドライバーは、まず眼や耳などで周囲を確認します。現在、自分はどこにいる

のか、周りの状況がどうなっているのかを認知しています。次に、ドライバーは、走る方向や速度を判断します。走行中、ドライバーは認知、判断して、アクセル、ハンドル、ブレーキを操作してクルマを走らせます。つまり、ドライバーはクルマを走らせるために、**認知・判断・操作**

クルマを運転中、ドライバーが行っていること

認知
カメラ、ミリ波レーダー
ライダー、ソナー、GPS
慣性測定ユニット

判断
人工知能

操作
ハンドル操作
アクセル／ブレーキ操作

を繰り返しているのです。

　また、走り出した後も速度や方向など
の走行状況を認知し続けます。そして、
何かの事情で希望する方向や速度とズレ
た場合は修正を判断し、ハンドルやアク
セル、ブレーキを操作することで、クル
マの走行状況を望むように調整します。

　そうした認知・判断・操作をシステム
として行うのが、自動運転技術となりま
す。認知するために必要なものがセン
サーで、判断は**コンピューター（AI：人
工知能）**、そして操作は**電動パワーステ
アリングやモーターの制御**となります。

　電気自動車（BEV）はすべての操作が
電気で行われるので、自動運転になじみ
やすいといえるでしょう。

アクセル操作とハンドル操作

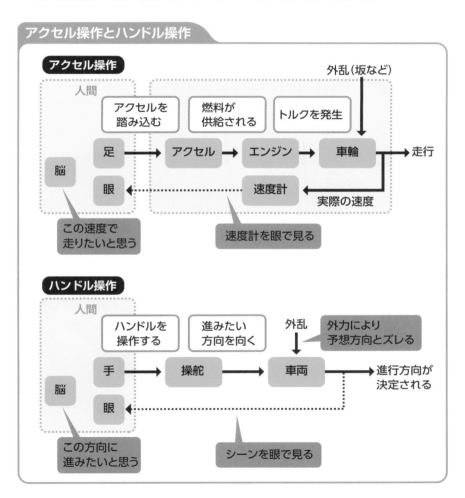

10-2 自動運転の6つのレベル

自動運転は夢の技術であり、一足飛びに実現するものではありません。そこで、技術レベルの度合いを明らかにするためのレベル分けがされています。

レベル0からレベル5まで段階分けされている

　自動運転の理想は、どんな道や時間でも、誰の運転もなしに、無人で目的地まで安全に走ってくれるクルマです。しかし、そうした高い技術が、一足飛びに実現できるわけではありません。実際には、少しずつできることが増えていき、階段を上がるように技術レベルが上がっていくわけです。

　そのため、自動運転の技術レベルを**レベル0（運転自動化なし）からレベル5（完全運転自動化）までの6段階のレベル**に分けて考えられています。

技術のレベルアップで自動運転が実現する。

●レベル0

なんの自動化技術も使われていない状態です。運転者がすべて行います。

●レベル1

アクセルとブレーキという前後方向、もしくはハンドル操作の左右方向のどちらかひとつの自動化です。

●レベル2

前後と左右方向両方の自動化です。

●レベル3

基本的にすべての自動化です。ただし、正常に作動できないときは人間の運転者が操作を変わります。

●レベル4

限定された走行状態で、すべての自動化です。

●レベル5

どこでもすべてを自動化するという、完全なる自動運転を意味します。

2023年現在、レベル1と2は運転支援システムの呼び名で普及期に入っており、レベル3のクルマが一部限定的に登場しており、レベル4と5が実証実験中という状況です。

自動運転レベル

レベル	名称	主体	内容
0	運転自動化なし	人	すべての監視対応を運転者が行う
1	運転支援	人	アクセル・ブレーキ操作またはハンドル操作のどちらかが、部分的に自動化された状態
2	部分運転自動化	人	アクセル・ブレーキ操作およびハンドル操作の両方が、部分的に自動化された状態
3	条件付き運転自動化	車（人）	特定の走行環境条件を満たす限定された領域において、自動運行装置が運転操作の全部を代替する状態。ただし、緊急時などは運転者が運転操作を行う
4	高度運転自動化	車	特定の走行環境条件を満たす限定された領域において、自動運行装置が運転操作の全部を代替する
5	完全運転自動化	車	自動運行装置が運転操作の全部を代替する

10-3 自動運転と運転支援システム

レベル3以上の自動運転の手前にあるのが運転支援システムです。その内容とはどのようなものなのかを解説します。

運転支援システムは安全と疲労軽減が目的

自動運転レベルの1と2は「運転支援車」と呼ばれています。そこで使われるシステムは、一般的には「**運転支援システム**」と呼ばれます。

これは、文字どおり、ドライバーの運転を支援するシステムです。運転者が気づかない危険を知らせ、運転者が気づかない情報を伝え、運転者の判断が遅いときに警告を発し、そして警報が間に合わないときは操作を代行します。

また、運転者の疲労を軽減するために**運転の一部を代行する**のも運転支援シス

テムの大きな役割のひとつです。

これらの技術の延長線上に、自動運転があります。ただし、現状では自動運転レベルを高めるよりも、幅広く数多くの運転支援システムを採用するのが大きな流れとなっています。

実際に、政府は「**セーフティ・サポートカー（通称：サポカー）**」の名称で、運転支援システムの普及を推進しています。一定の基準を定め、それをクリアしたクルマを「サポカー」と認定しています。

また、国内で販売される新車に関していえば、2021年から運転支援システムのひとつである**AEB（Autonomous Emergency Braking：衝突被害軽減ブレーキ）**の装備が義務化されています。AEBは「**プリクラッシュセーフティブレーキ**」とも呼ばれるものです。

政府は「セーフティ・サポートカー（通称：サポカー）」制度において、AEBなどの安全装備を搭載したクルマを「サポカー」と認定している。

サポカーのおもな機能

1 AEB（衝突被害軽減ブレーキ）

車載のカメラやレーダーなどのセンサーを用いて前方の車両や歩行者などを検知し、衝突の可能性があるときは運転者に警報する。さらに衝突の可能性が高まると、自動でブレーキを作動させる。

2 ペダル踏み間違い 急発進抑制装置

停止時や低速走行時に、車載のカメラやレーダー、ソナーなどにより、前方（および後方）の壁や車両などを検知し、壁や車両などの障害物を検知した状態でアクセルを踏み込んだときにでも出力を抑えて急発進を抑制する。

3 車線逸脱警報装置

走行中に、車載のカメラにより道路上の車線を検知し、自車線からはみ出したときに運転手に警報する。運転者がウインカー操作したときは警報しない。

4 先進ライト

前方や対向車に対して、まぶしくないように対処するヘッドライトのこと。前方の先行車や対向車に対して、ハイビームとロービームを切り替えるものを「自動切替型前照灯」、他車両に対して部分的に減光するものを「自動防眩型前照灯」、ハンドル操作やウインカー操作に応じて水平方向の照射範囲を自動変更するものを「配光可変型前照灯」と呼ぶ。

※その他の安全機能

衝突警報、交差点安全支援機能、アラウンドビューモニター、リアビューモニター、車線逸脱警報装置、車線維持支援制御装置、ふらつき注意喚起装置、道路標識認識装置、逆走防止装置（カーナビ連携）、車間距離制御装置、先行車発進お知らせ機能、後側方接近車両注意喚起装置、後退時接近移動体注意喚起・警報装置、ヘッドアップディスプレイ

運転支援システム

実用化された自動運転システム

自動運転レベル2に相当する運転支援システムはすでに実用化されています。どのような機能があるのかを紹介しましょう。

AEBやACCは自動運転レベル2を実現する機能

運転支援システムの代表格といえるのが、日本で装着が義務づけられている**AEB（衝突被害軽減ブレーキ）**です。AEBは、カメラやレーダーなどのセンサーを利用することで車両前方の他車や歩行者などを検知して、運転者に警告を行い、回避行動がとられなかった場合に自動でブレーキを作動させます。気象や自然条件によって検知できる対象範囲が制限されますが、性能は上がっています。

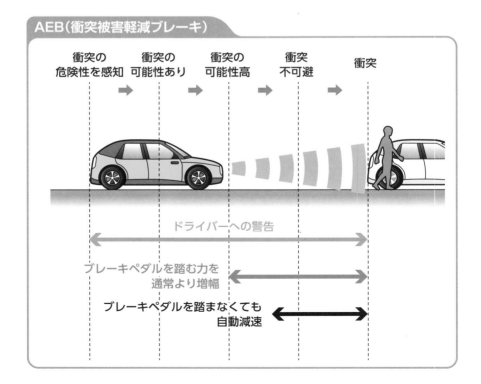

AEB（衝突被害軽減ブレーキ）

衝突の危険性を感知　衝突の可能性あり　衝突の可能性高　衝突不可避　衝突

ドライバーへの警告

ブレーキペダルを踏む力を通常より増幅

ブレーキペダルを踏まなくても自動減速

前後方向のアクセルとブレーキを自動で運転するのが**ACC(アダプティブクルーズコントロール)**です。「全車速追従機能」と呼ばれることもあります。設定した速度以下の速度で、先行車の後を一定の距離を保って追従走行します。いわゆる自動運転レベル1が必要です。

クルマの左右の運転操作をアシストするのが**車線逸脱防止支援システム(レーンキープアシスト)**です。自車が走行する車線の左右の白線をカメラで認識して、そこから逸脱しないようにステアリング操作をアシストします。

ACC(アダプティブクルーズコントロール)と**車線逸脱防止支援システム(レーンキープアシスト)**を組み合わせると自動運転レベル2に相当します。現在では、軽自動車でも装備されるようになっており、ほぼ普及したといえる技術となっています。

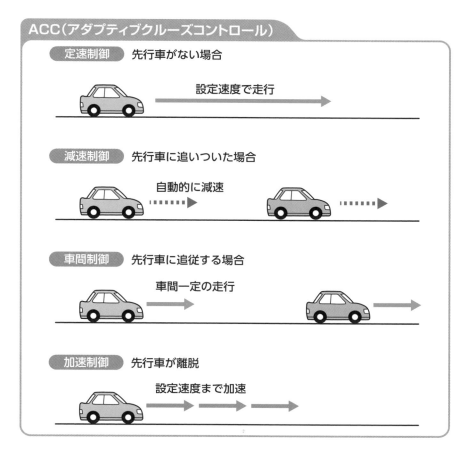

ACC(アダプティブクルーズコントロール)

定速制御 先行車がない場合
設定速度で走行

減速制御 先行車に追いついた場合
自動的に減速

車間制御 先行車に追従する場合
車間一定の走行

加速制御 先行車が離脱
設定速度まで加速

10-5 自動運転に必須のセンサー

自動運転や運転支援を実現するには、クルマの周囲を検知するセンサーが必須です。現在のクルマに使われているセンサーについて解説します。

実用化された運転支援を支えるさまざまなセンサー

クルマの周囲にある物体が歩行者なのか、電柱なのかを識別したり、道路に描かれた白線を検知したりするのに必要となるのが**可視光カメラ**です。運転者の眼に代わるものとして、可視光カメラは対向車や白線だけでなく、歩行者も認識できます。

現在、1つのカメラだけ、または2つ

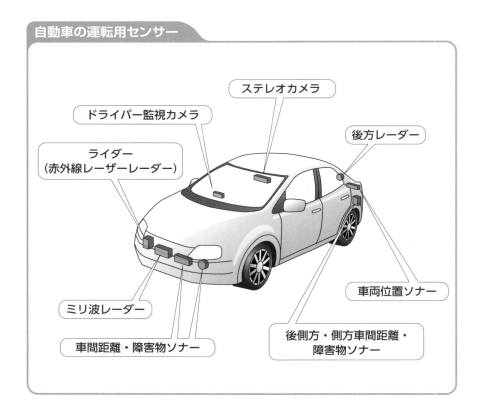

自動車の運転用センサー

- ステレオカメラ
- ドライバー監視カメラ
- 後方レーダー
- ライダー（赤外線レーザーレーダー）
- 車両位置ソナー
- ミリ波レーダー
- 後側方・側方車間距離・障害物ソナー
- 車間距離・障害物ソナー

のカメラを使ったステレオカメラなどが利用されています。可視光を利用しているため、夜間はヘッドライトの照射エリアしか検知できません。また、雨天や霧などの悪天候、逆光に弱いというのも欠点です。

可視光カメラ以外にもさまざまなセンサーが使用されています。

1mほどの近い距離にある障害物の有無を検知するのに利用されるのが超音波を使うソナーです。音波は発信源を中心に広がるため、細かな識別はできず、障害物との距離だけを検出できます。前後バンパーに装備して、駐停車するときなど周囲の障害物の検知などに利用されています。

ミリ波の電波を使うセンサーが**ミリ波レーダー**です。ミリ波とは波長が1～10mmの電磁波（周波数30～300GHz)のもののことをいいます。昼夜で性能の違いがなく、雨天や霧などの悪天候にも強いのが特徴です。遠いところまで検知できるため、自動運転の実現には欠かせません。

車載センサー

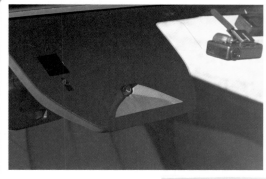

フロントウィンドウのカメラ

バンパーにあるミリ波レーダー

10-6 期待されるライダー
（LiDAR：赤外線レーザーレーダー）

次世代の自動運転レベル3以上に必須とされるのがライダー（LiDAR：赤外線レーザーレーダー）です。そのしくみを解説します。

赤外線の特性を利用して周囲の物体を詳細に計測する

赤外線のレーザー光を照射して、その反射を検知し、障害物や周囲の形状などを識別するのが**ライダー（LiDAR：赤外線レーザーレーダー）**です。自動運転レベル3以上を実現するのに必須とされているセンサーです。

ライダーの原理

センサーから物体に放たれたレーザー光が跳ね返ってくる時間でその物体までの距離、位置などを測る。ライダーは、遠距離の小さな物体の計測が可能である。

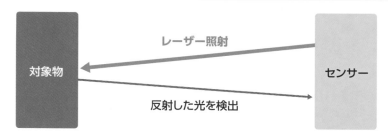

ヴァレオが2025年に市場導入予定のライダー

ライダーとのほかのセンサーの比較

○ 分解能・色識別　カメラ
△ 距離・速度計測
✕ 耐環境性

→ 300m

センサー
フュージョン

CPU

○ 測定精度
△ 分解能
✕ 耐環境性

→ 50m

ライダー

○ 速度計測、耐環境性
△ 計測範囲
✕ 分解能

200〜
300m

ミリ波レーダー

　ライダーの赤外線は波長が約0.7マイクロメーター〜1mmと短く、ビーム光が細く、指向性が高いため、**測定精度が高いのが特徴**です。周囲の状況を反射で検知した無数の点で把握します。ミリ波レーダーや可視光カメラだけではカバーできなかった、**クルマの周囲や障害物のより詳細な検知が可能**となります。

　ただし、ライダーにも弱点があります。指向性が強いため、検知できるエリアが狭くなります。太陽の直射光線に弱く、雨粒にも反応してしまいます。

　また、車載用としての利用がこれまでなかったため、車載に求められる堅牢さも不足しています。普及していないため、高額であるというのも問題です。

　さらに大きな弱点は、検知距離が50mと短いことです。時速100kmの走行に使用したいのであれば、最低でも300mほどの検知距離が必要です。

　そのため現在は、他のセンサーと合わせてセンサーフュージョンで使用する技術が開発されています。高性能なライダーの一刻も早い実用化が望まれています。

201

10-7 自動運転と通信

自動運転をより安全で確実なものとするためには、クルマだけではなく、周囲の技術的なサポートも必要となります。

クルマと道路、歩行者をつなぐ通信技術が欠かせない

　自動運転を高度化するためには、車両だけではなく、より幅広い技術が必要です。クルマのセンサー技術をいくら高めても、交差点を曲がった先など、自車から見えない位置の状況を知ることはできません。そこで利用されるのが**通信技術**です。

　走行する車両と、信号や道路などの施設が通信して情報をやり取りすれば、より円滑で安全な自動運転が実現します。

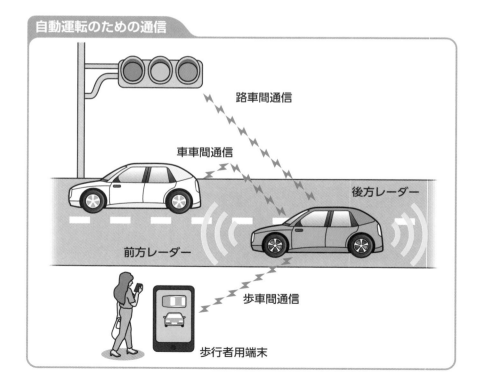

自動運転のための通信

路車間通信
車車間通信
後方レーダー
前方レーダー
歩車間通信
歩行者用端末

これを**路車間通信**と呼びます。自車以外のクルマと通信すれば、交差点での出合いがしらの事故を予防できますし、離れた場所の状況を知ることもできます。こちらは**車車間通信**と呼びます。さらに歩行者の持つ通信端末と通信すれば、歩行者と車両との事故を未然に防ぐことも可能です。こちらは**歩車間通信**となります。

また、車両とクラウドサーバーが通信することで、**AIを活用することも可能**となります。さらに詳細な高精度三次元マップ（ダイナミックマップ）もクラウドと通信することで、つねに最新にアップデートすることが可能になります。

道路や他車、歩行者だけでなくクラウドと情報をやり取りするためにも、**自動運転に通信技術はなくてはならないもの**となります。また、人と道路、車両との情報をネットワークする交通システムがITS（高度道路交通システム）です。自動運転に対応するため、次世代ITSの開発が進んでいます。

ITSの開発・展開計画

1	ナビゲーションシステムの高度化	ドライバーが移動中に経路、移動時間等について最適な行動の選択を可能できる情報を提供する。
2	自動料金収受システム	有料道路の料金所の渋滞解消やキャッシュレス化によるドライバーの利便性の向上、管理コストの低減等をはかる。
3	安全運転の支援	事故等を未然に防ぐため、リアルタイムで運転中のドライバーに走行環境情報の提供、危険警告を行う。
4	交通管理の最適化	道路ネットワーク全体として最適な信号制御の実現や、交通の管理を行うためにドライバーの経路誘導を行う。
5	道路管理の効率化	各地域の自然、社会条件に応じて、路面の状況などを的確に把握し、最適な作業時期の判断・作業配置の策定などを行う。
6	公共交通の支援	公共交通利用者のニーズに適した移動手段、乗り換え、出発時間帯等の支援を行う。
7	商用車の効率化	トラック、観光バス等の運行状況をリアルタイムに収集し、基礎データを提供することにより運行管理を支援する。
8	歩行者等の支援	携帯端末機や磁気、音声等を用いた施設・経路案内、誘導により、高齢者・障害者等の歩行者支援を行う。
9	緊急車両の運行支援	走行中の一般車両に緊急車両が接近すると、緊急車両の存在と、距離、進行方向などを知らせる。

ITS（Intelligent Transport Systems：高度道路交通システム）は、路車間通信、車車間通信、歩車間通信のネットワークシステム。すでに、VICSやETCなどの機能が実用化されている。

10-8 マース(MaaS)と自動運転

モビリティは移動することを意味しますが、単なる移動でなく「サービスとしての移動」として、国際的に提唱されるようになってきたのが「マース(MaaS)」です。

モビリティ(移動)を次世代の交通サービスとして考える

マース(MaaS：Mobility as a Service)を直訳すれば「サービスとしてのモビリティ」となります。モビリティを単なる交通手段として考えるのではなく、自動運転やAIなど、さまざまなテクノロジーを組み合わせた、**観光や医療までを含めたシステム**として考えることを意味しています。

当初は、複数の公共交通や移動サービスを最適に組み合わせて、一括で検索・予約・決済などを行うというものでした。しかし現在では交通だけでなく、観光や医療などの移動先でのサービスとの連携も考えられています。

マースが普及すれば、出発地から目的地までの交通手段の検索から予約・支払いまでが一括でできるようになります。都市部での日常的な渋滞、駐車場不足、路上駐車や排気ガスなどの環境問題、過疎地でのマイカーを持たない人の移動手段の確保、高齢者ドライバーによる事故などの交通・移動をめぐるさまざまな問

題が、マースによって解決できます。

マースの重要なピースとして期待されているのが**自動運転技術**です。無人であるため、人手不足という問題の解決策にもなります。また、フレキシブルな運用も可能となります。高度な自動運転技術が実用化されれば、マースによって新しい移動サービスが数多く誕生することでしょう。

マースのイメージ

マース（MaaS）

利用者

一つのサービスとして提供　検索　予約　決済

出発地

鉄道　バス　タクシー　旅客船　旅客機

AIオンデマンド交通　カーシェア　グリーンスローモビリティ

シェアサイクル　超小型モビリティ　自動運転

観光　物流　医療・福祉　小売り

移動目的とも一体化

目的地

＼ 地域が抱える課題の解決 ／

新しい生活様式への対応（3密の回避等）

地域や観光地における移動の利便性向上

既存公共交通の有効活用

外出機会の創出と地域活性化

スーパーシティ・スマートシティの実現

出典：国土交通省HPより

マースと自動運転

205

自動運転の法律

10-9

自動運転の実現には、法律の改正も必要となります。日本の自動運転に関する現状はどのようになっているのかを解説します。

自動運転レベル3とレベル4の走行が可能。レベル5は今後の課題

自動運転のクルマが街を走るためには、法律の整備が必要となります。

- どのような条件なら走ってよいのか？
- 万一の交通事故のときは、誰が責任を取るのか？

そうしたことが定められて、ようやく自動運転のクルマが公道を走ることが可能になります。日本の現状では、自動運転レベル3は2020年4月から、レベル4は2023年4月から、道路交通法改正の施行によって公道を走ることができるようになっています。

レベル3に関しては、自動運転を行うシステムが**自動運行装置として定義され、それを用いる走行は「運転」とみなされました**。また、使用できる条件が定められており、条件外になったら即座の運転者の対応が求められます。同時に車両には、システムの**作動状態記録装置の搭載**と記録・保存が義務づけられています。違反や事故があれば、自動運転中でも運転者が免責されるとは限りません。

レベル4は、都道府県公安委員会による許可を受けた運行実施者が自動運転車

自動運転レベル3では自動運転していても、システムから警報が鳴るなどしたときは人が運転しなければならないため、運転者は飲酒や居眠りはできない。

を走らせることが許されるようになりました。走行車両に対しては、必ず**特定自動運行主任者が遠隔監視を実施**し、万一の事故のときは、特定自動運行主任者が現場に人を送り、同時に警察や消防への通報を行うことが求められます。

　レベル5はまだ何も決まっておらず、今後の課題です。

特定自動運転の許可制度のイメージ

特定自動運行実務者

申請書の提出
(特定自動運行計画)

都道府県公安委員会

許可
法令違反をした場合
等には行政処分

[特定自動運行実務者の義務]
- 特定自動運行計画の順守
- 特定自動運行業務従事者に対する教育
- 特定自動運行中は、その旨の表示など

↓ 配置

許可基準⑤について、意見聴取をしたうえで許可を判断

特定自動運行主任者

市町村の長

遠隔監視装置

[特定自動運行主任者の義務]
- 遠隔監視装置の作動状態を確認
- 交通事故発生時には、
  ・消防機関に通報する措置
  ・現場措置業務実務者を交通事故の現場に向かわせる措置
  ・警察官への交通事故発生日時等の報告　など

許可基準
①自動車が特定自動運行を行うことができるものであること。
②特定自動運行が ODD（走行環境条件、使用条件）を満たして行われるものであること。
③特定自動運行実施者等が実施しなければならない道路交通法上の義務等を円滑かつ確実に実施することが見込まれるものであること。
④他の交通に著しく支障を及ぼすおそれがないと認められるものであること。
⑤人または物の運送を目的とするものであって、地域住民の利便性または福祉の向上に資すると認められるものあること

※このほか、強化基準の①②について、国土交通大臣等に意見聴取許可基準（概要）

遠隔監視

自動運行装置

ODD(*)

*ODD：Operational Design Domain(走行環境条件、使用条件)ある自動運転システムが作動するように設計されている特定の条件(走行ルート、時間帯、天候等)

※遠隔監視の代わりに車内に特定自動運行主任者を配置することも可能

出典：警察庁HPより作成

自動運転の事故責任

万一、自動運転のクルマが交通事故に遭ったとき、その責任はどこにあるのでしょうか? 現在、政府では、どのようなことが検討されているかを見ていきます。

自動運転技術の高度化で法律の整備も含む
迅速な被害者救済を優先する

　自動運転のクルマは、人の運転よりもエラーが少なく、交通事故が少ないことが期待されています。しかし、自動運転でも事故の可能性があります。そして**自動運転の法的責任は、自動運転レベルによって異なってきます。**

　レベル1・2では、従来どおり運転者の責任になります。すでに一部実用化されているレベル3では、運転操作はシステムが自動で行うことができますが、基準外の操作はドライバーが対応します。基準は①時速50km以下、②渋滞などで先行車が存在、③高速道路、④精密地図のある区間のみです。この条件外では従来の規制が適用されます。さらに整備不良や居眠りが要因となった場合は、自動運転中であってもドライバーの過失となります。自動運転特有の整備不良として、自動運転ソフトのアップデートをしていなかったことや、走行中に異音がしたのに放置した場合にも過失を問われる可能性があります。

　レベル4まで考慮した自動運転の損害賠償責任については現在検討中です。事故の被害者に対する迅速な救済を優先し、自動運転システムを搭載した自動車の構造上の欠陥や機能の障害を原因とした事故についても、自賠法に基づき損害賠償責任を自動車の保有者に負わせることとし、従来どおり自賠責保険から支払いが行われることになりそうです。

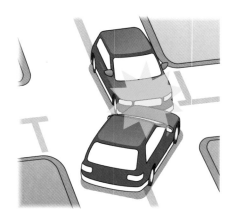

クルマの所有者が責任を求められるが、保険会社から自動車メーカーに対する求償権が検討されている。

自動運転法的課題ついて（概要）

1 自動運転への期待と法的課題	●自動運転により、事故の削減、環境負荷の軽減、高齢者の移動手段の確保といった効果が期待される。 ●一方で、事故が発生した場合、従来とは異なる責任関係が生じる可能性があり、自動運転に関する法的課題について、事故時の損害賠償責任を中心に検討を行い、その結果を整理した。
2 自動運転のレベル	レベル1…加速・操舵・制動のいずれかの操作をシステムが行う。 レベル2…加速・操舵・制動のうち複数の操作を一度にシステムが行う。 レベル3…加速・操舵・制動をすべてシステムが行い、システムが要請したときのみドライバーが対応する レベル4…加速・操舵・制動をすべてシステムが行い、ドライバーが全く関与しない。
3 現行法における損害賠償責任	**1**対人事故 ●自動車損害賠償保障法（自賠法）による運行供用者責任 ●運行供用者が責任を免れるためには、3要件を立証する必要あり（実質的な無過失責任） **2**対物事故 ●民法による過失責任・加害者に故意・過失がなければ損害賠償義務なし
4 自動運転と損害賠償責任の考え方	自動運転の各レベル（2～4）における損害賠償責任については、次のとおり考えられる。 ●レベル2およびレベル3については、現行法に基づく損害賠償責任の考え方が適用可能能 ＜対人事故＞自賠法による運行供用者責任 ＜対物事故＞民法による過失責任 ●レベル4における損害賠償責任については、従来の自動車とは別のものとして捉え、自動車の安全基準、利用者の義務、免許制度、刑事責任のあり方など自動車に関する法令等を抜本的に見直したうえでの議論が必要
5 個別の課題	**1**ドライブレコーダー、イベント・データ・レコーダー（ＥＤＲ）の設置、データの保存・提出、事故原因の分析体制の構築 **2**システムの欠陥による事故の場合は製造物責任の可能性（迅速な被害者救済のためには、まずは自賠法の運行供用者責任の維持が妥当） **3**サイバー攻撃による事故の可能性（対物事故の場合は損害賠償の請求先がない可能性） **4**救済すべき「被害者」の範囲（レベル4） **5**過失割合の複雑化による損害保険実務への影響

出典：一般社団法人　日本損害保険協会
URL：https://www.sonpo.or.jp/

　しかし、自動運転は、その責任が自動車の機能による可能性もあるため、**保険会社から自動車メーカーなどに対して事後に求償を行うしくみの検討**も進められています。

　自動運転システムの欠陥やハッキングにより事故が発生した場合、運転者などの責任の有無が判明するまでには時間を要すると想定されることから、これまでの自動車保険では迅速な被害者救済を図ることができません。そのため、**自動車保険の在り方についても検討**が進められています。

　将来、レベル5の完全運転自動化が実現した際は、自動車の操縦にまったく関与しない運転者に損害賠償責任を求めるのかといった課題があり、現行とは異なる法的責任の枠組みが必要になる可能性もあります。

　自動運転技術の高度化を踏まえ、今後は、さらなる法律の検討が進んでいくでしょう。

自動運転の実証実験

国から地方、企業まで幅広く
数多くのプロジェクトが進行している

　現在、日本の各地では、国を筆頭に地方自治体や大学・研究機関、そして民間企業まで、幅広く、そして数多くの自動運転関連の実証実験が行われています。

　国が主導するプロジェクトとしては経済産業省と国土交通省による「RoAD to the L4（自動運転レベル４等先進モビリティサービス研究開発・社会実装プロジェクト）」や「スマートモビリティチャレンジ推進協議会」、「無人自動運転等のCASE対応に向けた実証・支援事業（地域新MaaS創出推進事業）」などが存在しています。

　これらのプロジェクトの中でも話題となったのが福井県永平寺町の「ZEN-drive」です。これは、エリア限定の低速車両という条件下で、遠隔監視のみの自動運転レベル４での運行を2023年春に開始し、レベル４実現に大きな一歩を踏み出したと注目されました（次ペー

ジ上の図を参照）。

　また、地方自治体のプロジェクトとしては愛知県が複数の地域で、自動運転バス運行の実証実験を実施し、さまざまな条件下での自動運転バスの可能性を探っています。

　大学・研究機関が行った実証実験としては、埼玉大学による自動運転バスがあります。2020年度は１年間で、約2970kmもの自動運転走行を行いました。

　民間企業としてはソフトバンク傘下のBOLDLY社が、茨城県境町をはじめ、複数エリアで自動運転バスの実験を行っています。レベル４による運行実現に向けて、着実に実績を積み上げています。

　自動運転バスの実証が進めば、自動運転タクシーや自動配送などへと、自動運転サービスは、さらに広がっていくと考えられます。

ZEN-driveのしくみ

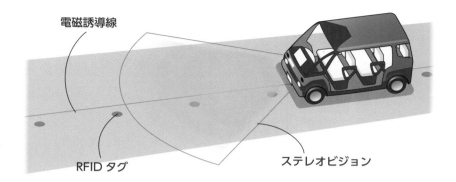

電磁誘導線

RFID タグ

ステレオビジョン

福井県永平寺町にて運用されている自動運転レベル3の「ZEN Drive」しくみ。ステレオカメラと物体認証機能（AIカメラ）で前方の障害物や人物などを検知。路面に埋め込まれた電磁誘導線とRFID（ICタグ）を検知しながらその上を走行していく。

河岸の駅さかい

茨城県でBOLDLY社が自動運転バスの実験を行っている。

第11章

電気自動車(BEV)と社会

Electric vehicles in the society

電気自動車(BEV)は、次世代の自動車の主役と期待されています。そこで重要となるのは技術だけではありません。社会と電気自動車(BEV)が、どのような関係になるのかが重要です。社会環境に対する影響や、経済性、そして普及のための課題などを説明します。

11-1 エンジン車による大気汚染

電気自動車（BEV）のメリットの1つが大気汚染を引き起こさないことが挙げられます。そこで、エンジン車による大気汚染はどのようなものなのかを解説します。

ガソリンなどの燃料を燃やすとさまざまなガスが生まれる

　過去100年以上続くエンジン車の普及で、拡大したのが**大気汚染問題**です。エンジン車は、ガソリンなどの燃料を燃焼させ、その熱エネルギーを推進力という運動エネルギーに変換します。このとき燃焼という化学反応で発生する物質が問題となります。

　燃焼の結果、二酸化炭素（CO_2）と水（H_2O）が生まれます。同時に、**窒素酸化物（NOX）**や**一酸化炭素（CO）、硫黄酸化物（SOX）**などの有毒な環境汚染ガスも発生しますが、この環境汚染ガスが大気汚染の原因となります。

　窒素酸化物（NOX）は、大気中にある窒素（N_2）がエンジン内の燃焼室内に吸い込まれ、高温高圧のもとで酸素と化合して発生します。そのため、燃料を完全燃焼させても、温度次第で窒素酸化物は

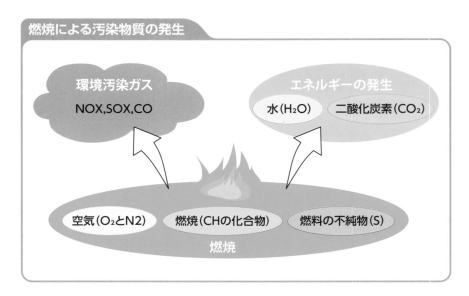

燃焼による汚染物質の発生

環境汚染ガス
NOX,SOX,CO

エネルギーの発生
水（H_2O）　二酸化炭素（CO_2）

空気（O_2とN_2）　燃焼（CHの化合物）　燃料の不純物（S）

燃焼

発生してしまうのです。また、燃料の不純物として硫黄（S）が含まれており、これが燃焼すると硫黄酸化物（SOX）が発生します。これらが大気中に放出されることで、酸性雨や光化学スモッグの原因となります。NOXやSOXは大気中の水分と反応して酸性雨の原因になってしまうのです。

一酸化炭素（CO）は、酸素が不足する不完全燃焼で発生します。人が吸収すると、血液中のヘモグロビンと結合し、体内の酸素供給に害を及ぼします。

対して電気自動車（BEV）は、エンジンを持たないため、NOXやSOXなどの大気汚染ガスを走行中にいっさい発生させません。

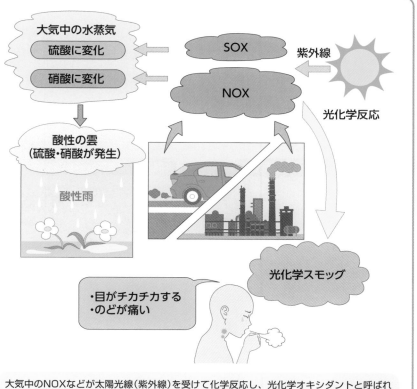

光化学スモッグが発生するしくみ

大気中の水蒸気
硫酸に変化
硝酸に変化

SOX
紫外線

NOX

光化学反応

酸性の雲
（硫酸・硝酸が発生）

酸性雨

光化学スモッグ

・目がチカチカする
・のどが痛い

大気中のNOXなどが太陽光線（紫外線）を受けて化学反応し、光化学オキシダントと呼ばれる物質が発生する。光化学オキシダントによって大気が白くモヤがかかったような状態を光化学スモッグと呼ぶ。

11-2

電気自動車(BEV)と地球温暖化

日本政府が打ち出した「2050年カーボンニュートラル」の背景にあるのが地球温暖化です。その問題に対して電気自動車(BEV)が果たす役割があります。

日本全体の排出量のうち約17.4%を運輸部門が占める

日本政府は、2050年を目標に「カーボンニュートラル」な国を目指すことを宣言しています。これは**温室効果ガスの排出を全体としてゼロにする**というものです。

温室効果ガスは、太陽光の赤外線成分を吸収する能力の高いガスのことをいい

ます。この温室効果ガス増加により、地球の気温上昇、ひいては気候変動を引き起こすと考えられています。

気候変動抑制のために、日本政府をはじめ世界各国が温室効果ガス排出削減に力を入れています。

日本の国全体としては年間に約11.7

温室効果ガスが地球に及ぼす影響

温室効果ガスがある場合

太陽光
(紫外線)

熱を吸収　熱を吸収

熱を吸収

温室効果ガス

地球

大気

温室効果ガスがない場合

太陽光
(紫外線)

熱を吸収

地球

大気

日本の部門別CO₂排出量（電気・熱配分後）

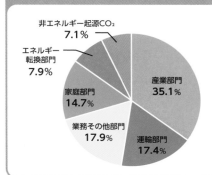

非エネルギー起源CO₂
7.1%

エネルギー
転換部門
7.9%

家庭部門
14.7%

業務その他部門
17.9%

産業部門
35.1%

運輸部門
17.4%

発電及び熱発生に伴うエネルギー起源のCO_2排出量を、電力及び熱の消費量に応じて、消費者側の各部門に配分した排出量を示している。

出典：「2021年度温室効果ガス排出・吸収量（確報値）概略」環境省　脱炭素社会移行推進室／国立環境研究所　温室効果ガスインベントリオフィス）

億トン（2021年）の温室効果ガスを排出します。温室効果ガスの大部分がCO_2なので、CO_2に換算して削減目標を決めています。その中で、運輸部門、すなわち自動車を含む部門は17.4%で、産業部門（35.1%）に次ぐ大きな存在です。この自動車部門に、走行中にCO_2を排出しない電気自動車（BEV）を増やすことで、運輸部門の排出量を減らすことが可能となるのです。

ただし、電気自動車（BEV）は、利用する電力をどのように発電するかでCO_2の排出量が変化します。日本の発電の内訳（2021年）は、天然ガス（34.4%）、石炭（31.0%）、再エネ（20.3%）、石油（7.4%）、原子力（6.9%）です。**まだまだ火力発電でCO_2を排出しているのが現状**です。

日本の電源構成の推移

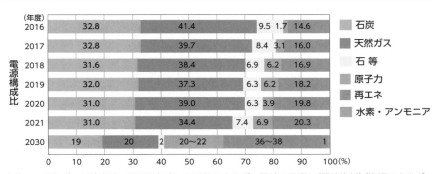

（年度）	石炭	天然ガス		石 等	原子力	再エネ	水素・アンモニア
2016	32.8	41.4		9.5	1.7	14.6	
2017	32.8	39.7		8.4	3.1	16.0	
2018	31.6	38.4		6.9	6.2	16.9	
2019	32.0	37.3		6.3	6.2	18.2	
2020	31.0	39.0		6.3	3.9	19.8	
2021	31.0	34.4		7.4	6.9	20.3	
2030	19	20	2	20～22		36～38	1

電源構成比

0　10　20　30　40　50　60　70　80　90　100(%)

出典：エネルギー需給実績、2030年度におけるエネルギー需給の見通し（関連資料）（資源エネルギー庁）を基に作成

11-3 電気自動車(BEV)の環境性能を考える2つの見方

自動車の環境性能＝燃費性能を把握するのに2つの考えが存在します。それが「Well to Wheel」と「Tank to Wheel」です。

環境性能を理解するために どこからどこまでを見るのか

　自動車の環境性能、いわば燃費性能を理解するためには、2つの考え方が存在します。それが「Well to Wheel(ウェ

ル・トゥ・ホイール)」と「Tank to Wheel(タンク・トゥ・ホイール)」です。
　「Well to Wheel(ウェル・トゥ・ホ

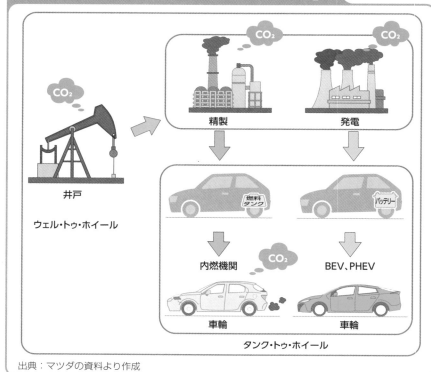

「ウェル・トゥ・ホイール」と「タンク・トゥ・ホイール」

出典：マツダの資料より作成

ウェル・トゥ・ホイールで比較するエンジン車と電気自動車(BEV)

						ICV	総合効率 12%
石油	ガソリン精製 87%		輸送運搬 92%	走行 15%			
	重油精製 89%	火力発電 40%	送配電 91%	電池 70%	走行 80%	EV	総合効率 18%
再生可能エネルギー			送配電 91%	電池 70%	走行 80%	EV	総合効率 50%*

*電力平準化のための蓄電効率は含まず

イール)」は、「油井から車輪まで」という意味で、燃料ができるところから、最後に走るところまで、すべてを含みます。

一方、「Tank to Wheel(タンク・トゥ・ホイール)」は、「燃料タンクから車輪まで」であり、一般的なカタログ燃費が、これに相当します。電気自動車(BEV)ではバッテリーがタンクに相当します。

電気自動車(BEV)はモーターを使うため、走行時の効率が80%以上と非常に優秀です。一方、エンジン車は排熱が大きく走行時の効率は15%程度しかありません。つまり、電気自動車(BEV)の「Tank to Wheel(タンク・トゥ・ホイール)」は非常に優秀です。

しかし、電気自動車(BEV)の「Well

to Wheel(ウェル・トゥ・ホイール)」は発電方式によって変わります。石油由来の電力であれば、エンジン車との差は1.5倍ほどに縮まります。ところが、再生可能エネルギー由来の電力を使えば、その差は4倍以上にも広がります。

最新のカタログ燃費はWLTCモード

平成29年(2017年)夏以降、日本で発売される自動車の燃費表示が「WLTCモード」に切り替わった。WLTCは「Worldwide-harmonized Light vehicles Test Cycle」の略で、「市街地」、「郊外」、「高速道路」といった走行モードで構成された国際的な試験方法である(63ページ参照)。

ライフサイクル
アセスメント（LCA）

生産から使用、そして廃棄されるまでが自動車の一生です。そんな自動車のライフサイクルを通じての環境負荷を考えるのがLCAです。

走行時だけでなく製造時のCO₂排出を考慮して
生涯を通じての環境負荷を考える

　自動車は走行中だけでなく、製造時にも温室効果ガスのCO_2が排出されています。また、走行距離が延びるほど燃料を消費してCO_2排出が増えていきます。

　そこで、「Well to Wheel（ウェル・トゥ・ホイール）」とは別に、自動車の

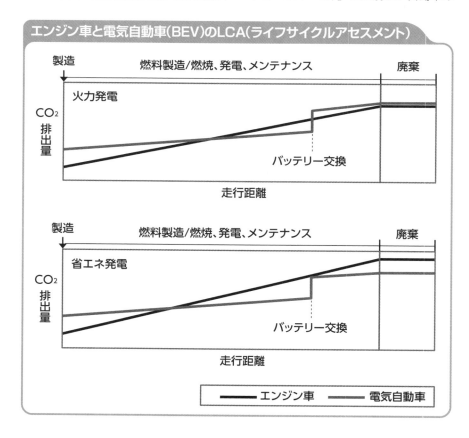

エンジン車と電気自動車（BEV）のLCA（ライフサイクルアセスメント）

製造　燃料製造/燃焼、発電、メンテナンス　廃棄
火力発電
CO_2排出量
走行距離
バッテリー交換

製造　燃料製造/燃焼、発電、メンテナンス　廃棄
省エネ発電
CO_2排出量
走行距離
バッテリー交換

―― エンジン車　―― 電気自動車

製造から使用、そして廃棄までの一生を通じての環境負荷を考えるのが**LCA(ライフサイクルアセスメント)**です。また、**カーボンフットプリント**と呼ぶこともあります。

LCA(ライフサイクルアセスメント)を使い、エンジン車と電気自動車(BEV)の環境負荷を比較してみましょう。電気自動車(BEV)の場合、搭載するリチウムイオン電池の製造に大量のCO_2排出が伴うため、走行距離0kmの新車比較では、エンジン車よりも電気自動車(BEV)のほうがCO_2排出量が多くなります。

しかし、走行中のCO_2排出量は電気自動車(BEV)のほうが少ないため、その差は徐々に減っていき、どこかのポイントで累計のCO_2排出量が逆転します。発電時のCO_2が少ないほど逆転のタイミングが早くなります。

ただし、電気自動車(BEV)のバッテリーを交換すると、再度逆転してしまう可能性があります。

LCAとWell to Wheelの違い

LCA

CO₂ CO₂ CO₂

素材製造 → 車両製造 → ガソリン走行/電力走行 → 廃棄

Well to Wheel

LACは、製造から廃棄までのCO_2排出。Well to Wheelは、走行による燃料製造からのCO_2排出を示す。

電気自動車（BEV）の普及には、充電するためのインフラの整備が欠かせません。現在の日本には、どのような課題が存在しているのかを考えます。

充電インフラの維持と集合住宅への普及が問題

電気自動車（BEV）の普及には、充電器の整備が不可欠です。ところが、現状では、**充電インフラの整備はまだまだ不十分**といえます。

外出中に行う急速充電器に関しては、いくつもの課題があります。まず、**古くなった急速充電器の更新が滞っていること**、次に**混雑する充電スポットの増設**、そして地方などに存在する**急速充電器の空白エリアの解消**です。

さらに、こうした急速充電器を管理・運営する**業者のビジネス的な旨味が少ない**ということも重大な問題です。充電業者を継続的に続けられる金銭的メリットが必要となります。

一方、普通充電に関しても、いくつも

2口の急速充電器

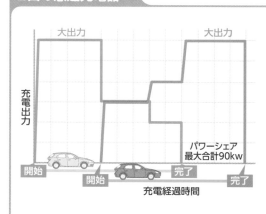

充電出力 ／ 充電経過時間

大出力　大出力

開始　開始　完了　完了

パワーシェア 最大合計90kw

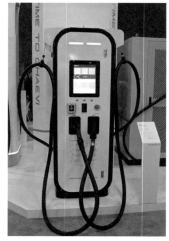

急速充電の混雑を解消するために2口のコネクターを装備した急速充電器の導入もはじまっている。

の課題が存在します。まずは**集合住宅で
の充電設備の普及の遅れ**です。現状、既
設の集合住宅に充電設備を設置するには、
住民による管理組合の了承が必要です。
ところが、その了承をとるのは非常に困
難になっています。そのため、集合住宅
の充電環境の整備が進んでいません。さ

らに**賃貸住宅や月極駐車場への充電設備
の設置も進んでいません。**

これらの問題が解決しないことには、
電気自動車（BEV）の充電インフラの普
及は実現することはありません。設置を
進める法律の整備や、補助金の用意など
が求められています。

集合住宅などへの普通充電器の普及

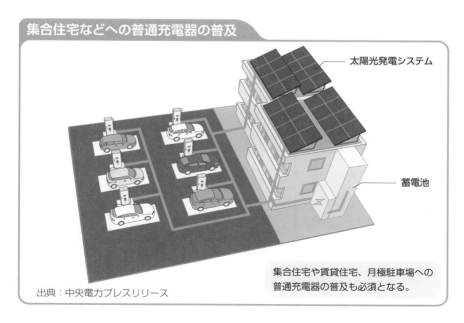

太陽光発電システム

蓄電池

集合住宅や賃貸住宅、月極駐車場への
普通充電器の普及も必須となる。

出典：中央電力プレスリリース

電気自動車（BEV）は、この先、どうなっていくのでしょうか？　その普及は？
また、存在価値はどうなるのかを考察します。

軽自動車や商用車から普及が進み
新しい使い方も生まれる

電気自動車（BEV）の普及は現状、苦戦しているという状況です。しかし、政府の「2050年のカーボンニュートラル」という大きな目標があるため、自動車の電動化の推進、そして電気自動車（BEV）が増えていくことは間違いありません。

ただし、現状で売れているのは、短距離走行を主とする**軽自動車BEV**と、高額な**プレミアムBEV**という2ジャンルです。また、宅配などを担う商用の軽BEVの導入が始まっています。これから数年は小さなクルマから電気自動車（BEV）の普及が進みそうな気配です。

一方、ソニーとホンダが共同開発したBEV**「アフィーラ」**（2026年デリバリー

2022年6月に発売された日産の軽自動車BEV「サクラ」。1年間で5万台を超える受注を獲得し、国内BEVのベストセラーカーになっている。

2024年には写真のホンダの商用軽自動車BEV「N-VAN e：」をはじめ、スズキやダイハツからも商用軽自動車BEVの発売が予定されている。

開始を予定）のように新しい価値を提案する電気自動車（BEV）も生まれています。これは走るだけでなく、室内でのエンターテインメント性を謳うのが特徴です。大きな電力と通信などの最新機能を組み合わせることで、自動車の新しい価値を生み出せるのも電気自動車（BEV）ならではの特徴ではないでしょうか。

　2028年前後には、日本の複数のメーカーから次世代電池の呼び声の高い**全固体電池搭載の電気自動車（BEV）**が登場する予定です。高性能な次世代電気自動車（BEV）が登場すれば、間違いなく電気自動車（BEV）の普及は加速します。

ソニーとホンダが共同開発した新型BEV「アフィーラ」。2026年のデリバリーを予定している。

11-7 バッテリー交換システム

バッテリーの充電に時間がかかるのであれば、いっそ交換してしまいましょう。バッテリー交換システムのメリット・デメリットを紹介します。

クルマのバッテリーをもう一組持てば
バッテリー交換で充電時間が短縮できる

電気自動車（BEV）のデメリットは、「**充電に時間がかかる**」という点です。その克服法として、昔から行われてきたのが「バッテリー交換」です。

車両に積むバッテリーをもう一組用意し、必要に応じてバッテリーごと交換してしまうのです。

戦前の電気バスは終点でバッテリー交換をしていました。また、今もバッテリー駆動式のフォークリフトは、バッテリーを交換するものもあります。

さらに、中国では乗用車タイプの電気

バッテリー交換の様子

2023年11月、ホンダはヤマト運輸株式会社と交換式バッテリーを用いた軽商用EVの集配業務の実証実験を行っている。

自動車（BEV）のバッテリーを5分とかけずに自動交換するシステムも存在します。

この方法のメリットは、**充電にかかる時間が大幅に短縮できる**ことです。また、バッテリーを個々に購入するのではなく、借りる方式を採用でき、その場合は、車両全体の価格を抑えることができます。とはいえ、乗用車サイズとなるとバッテリーの重量がかさみ、人力での交換が難しいのが難点です。

そんな問題を解決するアイデアもあります。電動バイクや小型モビリティを対象とした1個10kg程度の着脱式可搬バッテリーが開発され、それを複数使った商用軽の電気自動車（BEV）の走行実験も行われています。

バッテリー交換システムの可能性は消えてはいないのです。

ホンダの交換式バッテリー「Mobile Power Pack e:（モバイルパワーパック・イー）」。1個10kgほどで約1.3kWhの電力を蓄えることができる。電動オートバイなどにも利用されている。

空飛ぶクルマ

空飛ぶクルマは
自動車として道路を走るのか

　次に来るのは空飛ぶクルマだ、といわれています。空飛ぶクルマというとどんなイメージが浮かぶでしょうか。前方に障害物があると、羽根が伸びて、すっと浮いて避けるような車でしょうか。SF映画のように道路の上を何層にもわたって卵型の飛翔体が行き交っている光景でしょうか。

　現在「空飛ぶクルマ」と考えられているのはeVTOLと呼ばれています。VTOLとは、垂直離着陸機のことで、ヘリコプターのように垂直に離着陸する飛行機です。オスプレイもその一種と考えてよいでしょう。eVTOLは、それを電動にしたもので、ドローン（マルチコプタ）を大型化したようなコンセプトです。そのほか、超小型飛行機のようなコンセプトも考えられています。

空飛ぶクルマというのは、本文で述べたMaaSに対応して考えられています。現在のイメージとしては空飛ぶタクシーという説明がふさわしかもしれません。クルマのようにつかえる飛翔体です。当然、自動運転が前提です。

　空飛ぶクルマというのは、じつは大きな変革を意味しているのです。動力を使った移動手段は鉄道から始まりました。鉄道は線路の上を走ります。「走る」、「止まる」が主要な機能です。これは直線上の1次元の移動の速度の調節をしています。一方、自動車は「走る」、「止まる」に加えて「曲がる」機能が付いています。そのため、自由にどの方向へも行けるのです。これは平面上の2次元の移動です。これを自動運転にしようとして、いろい

ろな技術開発が行われています。では、空飛ぶクルマはというと、「走る」、「曲がる」、「止まる」に加えて「上る」、「下る」が追加されます。つまり3次元の移動になるのです。クルマとはいうものの、従来の自動車とはまったく違う概念のものになるのです。

　皆さんは空飛ぶクルマというと自動車が空を飛ぶように思われるかもしれませんが、地上を移動する機能はそれほど考えられていません。もし、地上と空中を移動する機能の2つを備えた乗り物ができれば理想の移動体になります。しかし、それはさらに先の未来でしょう。今後の技術開発が楽しみです。でも、こんなに空中に電線がある街中で、どうやって飛びまわるのでしょうか？

電動車(xEV)に使われる指標と単位

エンジン車とは異なる
電動車(xEV)の性能を表す指標・単位

電気自動車（BEV）をはじめ、ハイブリッド車（HEV）やプラグインハイブリッド車（PHEV）などの電動車（xEV）は、バッテリーを積んで、モーター駆動するのが特徴です。そのため、その性能を把握するために、従来のエンジン車とは異なる指標や単位が用いられています。

バッテリーの性能は、どれだけの量の電力を蓄えることができるかという点が非常に重要です。電力の量（エネルギー）を表すのが「Wh（ワットアワー）」です。これは1時間あたりの電力量を示すもので、実際には1000の単位である「k」を使う「kWh（キロ・ワットアワー）」が主に使われています。また、モーターの出力としては「W（ワット）」が使われます。従来の「馬力（PS）」との換算は1kW≒1.36PSとなります。

エンジン車の燃費にあたる性能は、電動車（xEV）の場合、電力消費率で、いわゆる電費と呼ばれます。単位は「Wh/km」もしくは「km/Wh」です。1回の充電で、どれだけの距離を電気で走れるのかという性能は、電気自動車（BEV）は「一充電走行距離」、プラグインハイブリッドは「等価EVレンジ」や「プラグインレンジ」と呼ばれています。プラグインハイブリッドは、外部充電の電力を使い切った後の燃費性能を「ハイブリッド燃料消費率」と呼びます。

電動車(xEV)に使われる単位

単位	読み方
W	ワット
N・m	ニュートン・メートル
Wh	ワットアワー
A	アンペア
V	ボルト
Hz	ヘルツ
k	キロ

BEVおよびPHEVの諸元表示

BEV	PHEV
	等価EVレンジ（EV走行換算距離）[km] 外部充電で電気走行可能な距離
一充電走行距離[km] 1回の充電で走行可能な距離	**プラグインレンジ（充電電力使用時走行距離）[km]** 外部充電で電気走行を行い、電力を消費して完全に燃料走行に切り替わるまでの走行距離（CDレンジ）
	交流電力消費率[km/kWh] 外部充電1kWhあたりの走行可能な距離（CD電費）
	プラグイン燃料消費率（充電電力使用時燃料消費率）[km/L] CDレンジの走行時の燃料消費率（CD燃費）
交流電力量消費率[Wh/km] 1km走行するために必要な電力量	**一充電消費電力量[kWh/回]** 1回の充電後に完全に燃料走行に切り替わるまでの消費電力量
	ハイブリッド燃料消費率[km/L] 外部充電での電気走行から完全に燃料走行に切り替わった後、ハイブリッド走行しているときの燃料消費率（CS燃費）

指標・単位

231

INDEX

あ行

さくいん

か行

さくいん

さくいん

237

ま行

や行

ら行

参考文献

書籍

『アメリカ車の100年』
（ニックス・ジョルガノ著／ニッキー・ライト写真／原紳介訳：二玄社）

『今と未来がわかる　電気』　　　　　　　（川村康文監修、ナツメ社）

『自動運転・運転支援と交通事故賠償責任』　　（友近直寛著、新日本法規）

『自動車技術ハンドブック　設計（EV・ハイブリッド）編』
（公益社団法人自動車技術会）

『自動車用運転自動化システムのレベル分類及び定義』　（JASOテクニカルペーパ）

『図解まるわかり　電池のしくみ』　　　　　（中村のぶ子著、翔泳社）

『電気自動車　これからの「クルマ」を支えるしくみと技術』（森本雅之著、森北出版）

『トコトンやさしい二次電池の本』　　　（小山昇・脇原将孝、日刊工業新聞社）

『「モーター、マジわからん」と思ったときに読む本』　　（森本雅之著、オーム社）

ホームページ

環境省 ／ 国土交通省 ／ 警察庁 ／ 脱炭素ポータル ／ チャデモ協議会 ／ 独立行政法人自動車事故対策機構 ／ トヨタ博物館 ／ 内閣官房IT総合戦略室 ／ PR TIMS ／ RoAD to the L4 ／ アウディ ／ （フォルクスワーゲン グループ ジャパン） ／ いすゞ自動車株式会社 ／ スズキ株式会社 ／ 株式会社SUBARU ／ ダイハツ工業株式会社 ／ テスラジャパン ／ トヨタ自動車株式会社 ／ 日産自動車株式会社 ／ 本田技研工業株式会社 ／ ヒョンデ ／ （Hyundai Mobility Japan 株式会社） ／ BYDジャパン株式会社 ／ マツダ株式会社 ／ 三菱自動車工業株式会社

構成●鈴木ケンイチ（日本自動車ジャーナリスト協会会員）
イラスト●岡田真一、すずき匠、西原宏史、風間康志
校正●山中しのぶ
デザイン・DTP●酒井由香里、祖父江香
編集協力● knowm
編集担当●原智宏（ナツメ出版企画株式会社）

●監修者

森本雅之（もりもと　まさゆき）

慶應義塾大学大学院工学研究科修士課程修了。三菱重工業をへて、東海大学工学部電気電子工学科教授。専門は電気機器とパワーエレクトロニクス。工学博士（慶應義塾大学）。電気学会フェロー。東海大退職後は東京都立大学、東洋大学，神奈川大学などで非常勤講師を務める。著書には電気学会著作賞受賞の『電気自動車（第2版）』（森北出版）のほか、『交流のしくみ』（講談社ブルーバックス）、『マンガでわかるモーター』（オーム社）、『「モーター、マジわからん」と思ったときに読む本』（オーム社）などの解説書，専門書および教科書が多数ある。

ナツメ社Webサイト
https://www.natsume.co.jp
書籍の最新情報（正誤情報を含む）は
ナツメ社Webサイトをご覧ください。

本書に関するお問い合わせは、書名・発行日・該当ページを明記の上、下記のいずれかの方法にてお送りください。電話でのお問い合わせはお受けしておりません。
・ナツメ社 web サイトの問い合わせフォーム
　https://www.natsume.co.jp/contact
・FAX （03-3291-1305）
・郵送（下記、ナツメ出版企画株式会社宛て）
なお、回答までに日にちをいただく場合があります。正誤のお問い合わせ以外の書籍内容に関する解説・個別の相談 は、一切行っておりません。あらかじめご了承ください。

最新オールカラー 電気自動車のしくみ

2024 年 6 月 1 日　初版発行

監修者	森本雅之
発行者	田村正隆
発行所	株式会社ナツメ社
	東京都千代田区神田神保町 1-52　ナツメ社ビル 1F（〒 101-0051）
	電話　03（3291）1257（代表）　　FAX　03（3291）5761
	振替　00130-1-58661
制　作	ナツメ出版企画株式会社
	東京都千代田区神田神保町 1-52　ナツメ社ビル 3F（〒 101-0051）
	電話　03（3295）3921（代表）
印刷所	ラン印刷社

ISBN978-4-8163-7521-7　　　　　　　　　　　　　　　　　Printed in Japan
〈定価はカバーに表示してあります〉〈落丁・乱丁本はお取り替えします〉